国家重点研发计划成果
山区和边远灾区应急供水与净水一体化装备

基于声学人工结构的噪声控制技术及其在泵系统中的应用

JIYU SHENGXUE RENGONG JIEGOU DE
ZAOSHENG KONGZHI JISHU JI QI
ZAI BENG XITONG ZHONG DE YINGYONG

袁寿其　管义钧　孙宏祥　司乔瑞　葛　勇　著

江苏大学出版社
JIANGSU UNIVERSITY PRESS

镇　江

图书在版编目（CIP）数据

基于声学人工结构的噪声控制技术及其在泵系统中的
应用 / 袁寿其等著. -- 镇江：江苏大学出版社，2024.
9. -- ISBN 978-7-5684-2300-7

Ⅰ. TH3

中国国家版本馆 CIP 数据核字第 2024RF4517 号

基于声学人工结构的噪声控制技术及其在泵系统中的应用

著　　者/袁寿其　管义钧　孙宏祥　司乔瑞　葛　勇

责任编辑/许莹莹

出版发行/江苏大学出版社

地　　址/江苏省镇江市京口区学府路 301 号（邮编：212013）

电　　话/0511-84446464（传真）

网　　址/http://press.ujs.edu.cn

排　　版/镇江市江东印刷有限责任公司

印　　刷/南京艺中印务有限公司

开　　本/710 mm×1 000 mm　1/16

印　　张/12

字　　数/228 千字

版　　次/2024 年 9 月第 1 版

印　　次/2024 年 9 月第 1 次印刷

书　　号/ISBN 978-7-5684-2300-7

定　　价/58.00 元

如有印装质量问题请与本社营销部联系（电话：0511-84440882）

序

泵系统广泛应用于国民经济各行业,其作用相当于人的心脏,是关系国计民生和国家安全的战略装备。泵系统工作时会产生强烈的噪声,对工作人员和生态环境产生严重的影响,因此,针对泵系统的噪声控制已成为当前动力工程、机械工程、环境工程及声学等领域的研究热点之一。现阶段,针对泵系统的噪声控制已发展出多种有效的技术手段,其中在泵系统噪声传播路径上引入声学材料进行噪声阻隔或吸收是当前的首选方案,该方案成本低、操作简单,可广泛应用于各类泵系统的噪声控制,具有良好的工程应用前景。传统隔声材料,如多孔纤维材料、穿孔板结构等,其性能严格遵循质量密度定律,因此不可避免地带来大厚度与高密度等问题。此外,基于传统隔声材料构建的泵房及泵车车厢壁等结构,其密闭性与空间局限性极易导致设备运行时产生热量堆积,从而严重影响泵系统的安全运行。

近年来,随着声学人工结构的出现及迅猛发展,其亚波长尺寸、性能易调控及声波操控能力强等特点为突破传统声学材料的局限性提供了可能。因此,基于声学人工结构设计与制备超薄、通风、宽带的隔声与消声结构,并将其应用到泵系统的噪声控制领域,不仅可以减少噪声对生态环境的污染,还能有效降低泵房的空间占用率,实现热量的自由扩散,同时也极大地促进了泵系统噪声控制领域的发展。

在此背景下,本项目课题组从 2017 年起开展基于声学人工结构的隔声与消声技术的研究,并深入探索了其在泵房和泵车车厢壁等实际场景中的应用,经过多年积累,在该领域取得了较丰富的研究成果,具有鲜明的研究特色,如今将此领域的成果整理出版显得非常必要和及时。本书系统讲述了基于声学人工结构的噪声控制技术及其在泵系统中的应用,主要内容包括泵系统噪声控制与声学人工材料等方面的研究进展、基于声学人工结构的隔声与消声基本理论、超薄宽带消声墙设计及其在消声泵房中的应用、通风宽带隔声结构设计及其在通风隔声泵房中的应用、基于超表面的隔声通道/窗结构设计及其在车载泵噪声控制中的应用、宽带消声管道设计及其在泵房通风管道中的应用等,内容丰富,几乎涵盖了基于声学人工结构的泵系统噪声控制研究的各个方面。

　　鉴于国内尚没有泵系统噪声控制新技术的专著,相信本书的出版将对泵系统噪声控制领域的研究起到积极的推动作用,是为序。

袁寿其

2024 年 4 月于江苏大学

前　言

泵系统是国家现代化建设的重要基础工业设备,广泛应用于城市给排水工程、工业生产、水利设施及农业灌溉等领域。泵系统工作时会产生噪声污染,强烈的噪声不仅严重危害人们的身心健康,引起失眠、焦虑等问题,还会分散工作人员的注意力,造成严重安全事故和重大经济损失。此外,高强度低频噪声的长期存在还会引起泵系统机械部件及管路系统的共振,导致设备失效甚至损坏。因此,泵系统的噪声控制已成为当前动力工程、机械工程、环境工程及声学等领域的研究热点之一。

声学人工结构具有亚波长尺寸、性能易调控及声波操控能力强等特点,可以实现各类反常的声学效应,广泛应用于机械工程、材料科学、环境科学及生物医学等领域。近年来,基于声学人工结构的隔声与消声研究已取得一定的成效,所设计的隔声与消声结构具有超薄、通风、可调控及宽带等特点,可以有效克服传统隔声材料的大厚度、高密度及密闭性等不足。因此,研究基于声学人工结构的宽带、通风、超薄的隔声与消声结构,并探索其在泵房和泵车车厢壁等实际工程场景中的应用,为解决泵系统噪声控制问题提供了新思路和新路径,具有重要的工程应用价值。

针对该研究背景,在国家重点研发计划项目"山区和边远灾区应急供水与净水一体化装备"(2020YFC1512403)等的资助下,课题组将2017年以来基于声学人工结构的隔声与消声技术的探索研究及其在泵房和泵车车厢壁中的应用成果进行了整理和总结,选择其中较为成熟的研究成果,兼顾该方向国内外最新研究进展撰写了此书,以供同行参考。

本书共分为六章。第1章介绍泵系统噪声控制研究背景及研究现状、声学人工材料研究背景、基于声学人工结构的隔声与消声国内外最新研究进展。第2章介绍基于声学人工结构的隔声与消声基本理论、有限元方法、等效介质理论、电声类比理论、广义斯涅尔定律及声子晶体能带理论等,为研究基于声学人工结构的隔声与消声效应及物理机制提供相应的理论依据。第3章针对泵房内部低频噪声控制墙壁厚度大及空间利用率低的问题,介绍基于多腔共振单元的超薄低频平面消声墙、基于双通道共振单元的超薄低频消声墙及基于嵌入式多腔共振单元的双频带低频平面消声墙,并针对应急供水多级泵系统的工作噪声频带,设计制备基于双通道共振单元的超薄宽带消声泵房,实现了泵系统工作噪声的高性能吸收。第 4 章针对密闭隔声泵房阻碍空气和热量等媒介与外界交换的问题,介绍两种类型基于反对称谐振腔隔声单元的通风隔声屏障、基于多腔共振单元的宽带通风隔声屏障,以及基于蜷曲通道共振单元的双层宽带通风隔声屏障,并探索它们在泵系统隔声屏障中的工程应用。第 5 章针对车载应急供水多级泵系统噪声控制的需求,介绍基于钩状单元声学超表面的单向隔声通道和隔声窗及两种类型可调控全方位双向隔声窗,基于蜷曲结构单元声学超表面的低频低反射双向隔声通道和隔声窗,设计制备双梯度声学超表面并构建车载泵的通风隔声车厢壁,实现了车载泵噪声辐射的有效控制。第 6 章针对泵房通风管道中的消声降噪问题,介绍基于双蜷曲通道共振单元的宽带消声管道、基于多腔共振单元的宽带消声管道、基于多重散射机制的单向隔声管道,所设计的消声和隔声管道方案为泵房通风管道的噪声控制提供了新思路与新技术路径。

本书得到了南京大学物理学院张淑仪院士、刘晓峻教授、赖耘教授,江苏大学国家水泵及系统工程技术研究中心袁建平研究员、裴吉研究员、张金凤研究员、张帆教授、王文杰副研究员、彭光杰副研究员,扬州大学仇宝云教授,河海大学郑源教授,重庆水泵厂有限责任公司马文生教授级高级工程师、杨海龙高级工程师等人多方面的指导与悉心帮助。课题组贾鼎高级实验师,硕士生夏建平和吴成昊,本科生孙晔旸、许雨薇及尹佳俐等人也参与了其中部分工作,在此深表谢意。

作者在撰写过程中力求认真严谨,但书中仍存在不足之处,衷心期待读者的批评与指正。愿我们共同努力,为基于声学人工结构的泵系统噪声控制技术的发展尽一份绵薄之力。

目　录

主要符号表　/001

英文缩写说明　/002

第1章　绪论　/001

1.1　泵系统噪声控制研究背景　/001

1.2　泵系统噪声控制国内外研究现状　/003

1.3　声学人工材料研究背景　/006

1.4　基于声学人工结构的隔声与消声研究现状　/008

1.5　本书的主要研究工作　/016

第2章　基于声学人工结构的隔声与消声基本理论　/018

2.1　隔声与消声基本理论　/018

2.2　有限元方法　/019

2.3　等效介质理论　/022

2.4　电声类比理论　/023

2.5　广义斯涅尔定律　/025

2.6　声子晶体能带理论　/026

第3章　超薄宽带消声墙设计及其在消声泵房中的应用　/029

3.1　基于多腔共振单元的超薄低频平面消声墙　/030

3.1.1　单元结构　/030

3.1.2　数值模型　/031

3.1.3　实验测量　/032

3.1.4　模式分析　/033

3.1.5　吸声性能　/034

3.1.6　物理机制　/034

3.1.7　带宽优化　/036

3.2　基于双通道共振单元的超薄低频消声墙　/038

　　3.2.1　单元结构　/038

　　3.2.2　数值模型　/039

　　3.2.3　吸声性能　/039

　　3.2.4　物理机制　/040

　　3.2.5　参数分析　/041

　　3.2.6　带宽优化　/043

　　3.2.7　宽带消声室　/044

3.3　基于嵌入式多腔共振单元的双频带低频平面消声墙　/048

　　3.3.1　单元设计　/048

　　3.3.2　数值模型　/048

　　3.3.3　吸声性能　/049

　　3.3.4　物理机制　/050

　　3.3.5　双频带消声室　/051

3.4　超薄宽带消声墙在消声泵房中的应用　/055

　　3.4.1　应急供水多级泵系统　/055

　　3.4.2　宽带消声墙　/057

　　3.4.3　宽带消声泵房　/059

第4章　通风宽带隔声结构设计及其在通风隔声泵房中的应用　/062

4.1　基于反对称亥姆霍兹共振单元的通风隔声屏障　/063

　　4.1.1　单元结构　/063

　　4.1.2　数值模型　/063

　　4.1.3　隔声性能　/063

　　4.1.4　物理机制　/065

　　4.1.5　通风性能　/066

　　4.1.6　带宽优化　/067

　　4.1.7　实验测量　/069

　　4.1.8　通风宽带隔声室　/070

4.2　基于反向排列谐振腔结构的可调控低频通风隔声屏障　/071

　　4.2.1　单元结构　/071

　　4.2.2　数值模型　/072

4.2.3 隔声性能 /072

4.2.4 物理机制 /074

4.2.5 性能调控 /075

4.2.6 带宽优化 /077

4.3 基于多腔共振单元的宽带通风隔声屏障 /079

4.3.1 单元结构 /079

4.3.2 数值模型 /080

4.3.3 隔声性能 /080

4.3.4 物理机制 /081

4.3.5 带宽优化 /084

4.4 基于蜷曲通道共振单元的双层宽带通风隔声屏障 /086

4.4.1 单元结构 /086

4.4.2 数值模型 /087

4.4.3 隔声性能 /087

4.4.4 物理机制 /087

4.4.5 鲁棒性验证 /088

4.5 通风隔声屏障在隔声泵房中的应用 /090

4.5.1 通风隔声屏障 /090

4.5.2 通风隔声泵房 /091

第5章 基于超表面的隔声通道/窗结构设计及其在车载泵噪声控制中的
应用 /093

5.1 基于超表面的通风型单向隔声通道/窗 /094

5.1.1 单元结构 /094

5.1.2 声学超表面 /097

5.1.3 单向隔声通道 /099

5.1.4 物理机制 /100

5.1.5 实验测量 /102

5.1.6 单向隔声窗 /105

5.1.7 实验测量 /106

5.1.8 带宽优化 /107

5.2 基于超表面的可调控全方位双向隔声窗 /111

5.2.1 单元结构 /111

5.2.2 声学超表面 /112

5.2.3 第一类可调控隔声窗 /114

5.2.4 物理机制 /116

5.2.5 第二类可调控隔声窗 /118

5.2.6 物理机制 /120

5.2.7 实验测量 /121

5.3 基于低频超表面的低反射通风型双向隔声通道/窗 /124

5.3.1 单元结构 /124

5.3.2 声学超表面 /125

5.3.3 双向隔声通道 /126

5.3.4 物理机制 /128

5.3.5 实验测量 /130

5.3.6 双向隔声窗 /131

5.4 隔声窗在车载泵噪声控制中的应用 /132

5.4.1 车载泵系统 /132

5.4.2 单元结构 /134

5.4.3 声学超表面 /135

5.4.4 车载泵双向隔声窗 /135

第6章 宽带消声管道设计及其在泵房通风管道中的应用 /138

6.1 基于双蜷曲通道共振单元的宽带消声管道 /138

6.1.1 单元结构 /138

6.1.2 数值模型 /139

6.1.3 吸声性能 /139

6.1.4 物理机制 /140

6.1.5 泵房消声管道 /142

6.2 基于多腔共振单元的宽带消声管道 /145

6.2.1 单元结构 /145

6.2.2 数值模型 /145

6.2.3 模式分析 /146

6.2.4 泵房消声管道 /149

6.2.5　物理机制　/150

6.2.6　带宽优化　/153

6.2.7　实验测量　/155

6.3　基于多重散射机制的单向隔声管道　/157

6.3.1　泵房单向隔声管道　/157

6.3.2　物理机制　/158

6.3.3　实验测量　/161

6.3.4　鲁棒性验证　/162

参考文献　/164

主要符号表

符号	名称	单位	符号	名称	单位
C	电容	F	R	声反射率	/
c	声速	m/s	U	电压	V
c_l	纵波速度	m/s	u_t	总速度	m/s
c_t	横波速度	m/s	v	速度	m/s
C_P	定压热容	J/(kg·K)	$v_\perp$	速度垂直分量	m/s
d_v	黏性边界层厚度	m	Z	声特性阻抗	N·s/m^3
d_t	热边界层厚度	m	α	声吸收率	/
E	体模量	Pa	α_P	热膨胀系数	1/K
f	频率	Hz	α_∞	曲折因子	/
G	电导	S	β	声衰减系数	/
H	扬程	m	β_T	等温压缩率	1/Pa
I	电流	A	ϕ	孔隙率	/
k	波数	1/m	φ	相位	rad
$\bar{k}$	电传播常数	/	γ	热容比	/
L	电感	H	η	效率	/
M	摩尔质量	kg/mol	κ	导热系数	W/(m·K)
NPSHr	必需汽蚀余量	m	λ	声波波长	m
n	折射率	/	μ	动力黏度	Pa·s
p	声压	Pa	μ_B	体积黏度	Pa·s
Pr	普朗特数	/	θ	声波入射角	(°)
Q_i	入射声源	1/s^2	ρ	密度	kg/m^3
Q	流量	m^3/h	σ	流阻率	N·s/m^4
r	声反射系数	/	ω	角频率	rad/s

续表

符号	名称	单位	符号	名称	单位
t	声透射系数	/	Λ	黏滞特征长度	m
T	声透射率	/	Λ'	热特征长度	m

注:文中对符号有注释的优先;多于一个含义的符号在文中另作说明。

英文缩写说明

英文缩写	英文全称	中文名称
CA	Computational Acoustics	计算声学
CFD	Computational Fluid Dynamics	计算流体动力学
Im	Imaginary Part	虚部
PDV	Particle Displacement Velocimetry	粒子位移速度测量
Re	Real Part	实部
RNG	Re-normalization Group	重整化群
SIMPLEC	Semi-Implicit Method for Pressure Linked Equations Consistent	协调一致的压力耦合方程组的半隐式方法
STL	Sound Transmission Loss	隔声量(声传输损耗)

第1章　绪论

1.1　泵系统噪声控制研究背景

泵作为重要的基础工业设备,广泛应用于城市给排水工程、工业生产、水利设施及农业灌溉等领域。泵系统工作时会产生严重的噪声污染,强烈的工作噪声不仅严重危害人们的身心健康,引起失眠、焦虑等问题,还会分散操作人员的注意力,造成严重安全事故和重大经济损失。此外,高强度低频噪声的长期存在还会引起泵系统的机械部件及管路系统共振,导致设备失效甚至损坏。因此,泵系统噪声控制已成为当前动力工程、机械工程、环境工程及声学领域的研究热点之一。

泵系统噪声主要包括流致噪声、机械噪声和动力源(电机)噪声[1, 2],噪声源分布及传播途径如图1.1。其中,流致噪声是指泵系统内部流体非稳态流动形成的压力脉动作用在结构上诱导结构振动,从而向空气中辐射的噪声;机械噪声主要是指由于泵叶轮和轴的安装不平衡、轴承和轴封部分的摩擦等机械加工安装误差和摩擦形成的噪声,随着机械制造水平的不断提高,机械噪声已经能够得到有效控制;电机噪声主要包括由于电机转子部分不平衡及电机轴承造成的电机机械噪声,以及在电磁力的激励下电机内部结构和空气产生振动,从而辐射出的电磁噪声。在日常工作中,抑制泵系统噪声主要有两种途径:一是采取针对性的优化措施降低噪声水平,该方案需要准确分析噪声产生的部位及其形成原因,通常涉及的参数多、难度大、成本高,且优化措施只针对特定类型的泵,难以形成普适的方案;二是对噪声进行阻隔或吸收,以减小噪声对周围环境的影响,例如针对泵系统的工作环境包括泵房(图1.2)和泵车(图1.3)等应用场景,采用具有隔声或消声功能的材料对泵房墙壁、泵房通风管道及泵车车厢壁等结构进行设计改造,实现对泵系统噪声的有效抑制。与第一种方案相比,第二种方案不涉及对泵系统结构的优化,所以相对简单,成本较低,能够形成普适方案,可广泛应用于泵系统的噪声控制,具有广泛的工程应用前景。

传统隔声材料,如多孔纤维材料[3-5]、穿孔板结构[6,7]等,其隔声性能严格遵循质量密度定律[8],可以通过增加材料的厚度或密度提升隔声量,因此不可避免带来大厚度与高密度等问题(尤其是低频区间),从而限制了传统隔声材料的应用。此外,为了有效控制噪声,采用传统隔声材料构建泵房消声墙、车厢隔声壁等结构,其结构的密闭性与空间局限性易导致设备运行产生的热量无法扩散,影响系统的安全稳定运行。

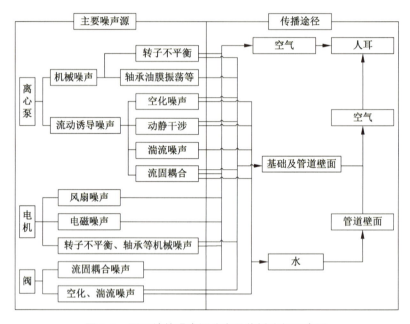

图 1.1　泵系统的噪声源分布及传播途径示意图

图 1.2　泵房结构示意图

为了解决传统隔声与消声材料的难题,近年来,声学人工结构(声子晶体、声学超材料及声学超表面等)的迅猛发展为设计超薄、通风、宽带的隔声与消声结构提供了新方案和新路径。因此,基于声学人工结构设计研制超薄、通风、宽带的隔声与消声结构(如通风隔声窗、通道及消声墙等),并将其应用到泵房墙壁、泵房通风管道及泵车车厢壁等结构,不仅可以有效控制泵系统的工作噪声,减少对生态环境的污染,还能进一步提高泵房的空间利用率,允许其他媒介(如空气、热、光等)自由流通,极大保障了泵系统的正常运转。

图 1.3　泵车结构示意图

1.2　泵系统噪声控制国内外研究现状

流致噪声领域的研究主要基于气动声学理论开展。现代气动声学起始于 1952 年英国曼彻斯特大学 Lighthill[9, 10]研究气体喷射噪声推导的 Lighthill 方程,其后,Curle[11] 将 Lighthill 方程进一步完善,并推导得到 Curle 方程。1969 年,英国帝国理工学院 Williams 和 Hawkings[12]将 Curle 方程应用到运动物体在流体介质中的发声问题,他们结合固体边界影响,采用广义函数法对 Curle 方程进行扩展。1974 年,美国刘易斯研究中心 Goldstein[13] 推导的广义 Lighthill 方程,有效解决了流固耦合问题。

针对泵系统流致噪声的产生原因,1967 年,苏格兰斯特拉斯克莱德大学 Simpson[14]基于势流理论推导了声辐射公式,并分析了诱导噪声产生的因素,发现叶片不对称结构是产生轴频噪声的根本原因。1992 年,美国霍普金斯大学 Dong 和 Chu 等人[15-18]基于 PDV 方法研究不同流量和叶片角度的离心泵蜗壳流域速度矢量分布,发现流体压力脉动与叶片和隔舌位置分布密切相关,继而研究了泵内叶轮与隔舌之间的动静干涉对离心泵内部流动诱导振动的影响,并得到叶轮与隔舌的间隙是影响流致噪声重要因素的结论。1997年,美国波士顿大学Howe[19]研究了存在切向平均流时有限壁厚对噪声或大型结构振动产生的压力扰动与壁孔相互作用的影响,发现噪声主要和固体表面的非定常压力相关。2008年,中国农业大学丛国辉等人[20]采用大涡模拟方法和滑移网格技术,针对双吸离心泵在不同工况下的非定常湍流进行了数值模拟,发现泵内部的湍流压力脉动是产生机组振动噪声的主要原因,特别在隔舌区较为严重。中国船舶科学研究中心黄国富等人[21]基于计算流体力学CFD对某型船用离心泵的整体三维流动进行了数值模拟和实验验证,研究发现压力脉动、回流以及汽蚀等是产生泵系统振动噪声的主要原因。随后,江苏大学袁寿其等人[22]采用间接混合算法,基于CFD和Lighthill声类比理论对蜗壳内部流场进行求解,研究发现离心泵蜗壳内部流动诱导噪声源分布与压力脉动相关,且蜗壳隔舌为主要噪声源。上海理工大学王宏光等人[23]数值模拟轴流泵内部压力脉动和流动噪声在不同工况下的变化规律,发现结构振动是噪声辐射的重要因素,同时叶片噪声辐射具有明显的偶极子特征。

此外,流致噪声的诱因也引发了研究人员对压力脉动的研究。1985年,日本日立机械研究所Iino等人[24]实验验证了泵系统的压力脉动分布主要与流量、叶片及导叶密切相关。2006年,西班牙奥维耶多大学Gonzalez等人[25]实验测量了离心泵蜗壳隔舌处的压力脉动分布和径向力分布与叶轮外径的关系。随后,斯洛文尼亚Tomaz等人[26]通过测量水轮机的水动力噪声,发现噪声幅值与汽蚀比转速相关。中国农业大学王福军团队[27]采用与时间相关的瞬态流分析理论及大涡模拟方法研究了轴流泵系统内部的非定常流动,得到不同工况对应的水压力脉动结果,并基于实测扬程和功率进行了实验验证。2008年,西班牙奥维耶多大学Barrio等人[28]研究了叶轮与隔舌的间隙大小与压力脉动和径向力分布的关系。刘阳等人[29]对离心泵的压力脉动问题进行了全面阐述,为准确预测非定常流动诱发压力脉动提供了理论依据。之后,祝磊等人[30]通过设计阶梯隔舌(图1.4)对离心泵的全流道非稳态流动进行了数值模拟,并研究了泵系统的内部压力脉动特性及作用在蜗壳和叶轮上的径向力特性,此外,与常规隔舌结果相比,采用阶梯隔舌蜗壳可以有效降低压力脉动的影响。接着,袁建平等人[31]针对三长三短叶片叶轮的离心泵,基于大涡模拟方法研究了泵内部非定常流动引起的蜗壳流道内的压力脉动效应与特性。王洋等人[32]采用RNG k-ε湍流模型和滑移网格技术分析了泵内部非定常流动,发现叶轮与隔舌间的动静干涉是产生压力脉动的主要因素。

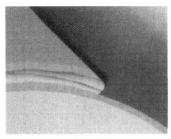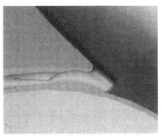

(a) 常规隔舌   (b) 阶梯隔舌

图 1.4 常规隔舌与阶梯隔舌

2011 年,中国农业大学姚志峰等人[33]实验测量了双吸离心泵叶片形状对压力脉动特性的影响,发现基于叶片交错排列或长短叶片可以有效降低压力脉动。瞿丽霞等人[34, 35]基于大涡模拟方法和滑移网格技术,数值模拟了隔舌间隙对双吸离心泵内部非定常流场的影响,发现增大隔舌间隙可以减小压力脉动幅值,继而系统分析了叶轮区域流场特性及叶片表面的压力脉动特性,发现压力脉动幅值会随着偏离设计工况程度增大而显著增加。施卫东等人[36]基于雷诺时均控制方程和标准 k-ε 湍流模型,采用 SIMPLEC 算法对轴流泵全流场进行了三维非定常数值模拟,得到轴流泵在不同工况和导叶数下对应的内部流场压力脉动性能,并进行了实验验证。

2013 年,司乔瑞等人[37, 38]基于 Lighthill 声类比理论,采用 CFD 和 CA 相结合的算法对离心泵内部声场进行求解,分析蜗壳振动对声压级分布的影响,并搭建离心泵流动诱导噪声实验检测平台,分析了叶轮隔舌间隙对泵性能和流动诱导噪声的影响。随后,刘厚林和丁剑等人[39, 40]基于声振耦合理论,研究叶轮出口宽度与叶片出口角对离心泵在水动力激励下泵壳振动辐射噪声的影响(图 1.5),研究结果为低振动低噪声离心泵的水力优化设计提供理论依据。2016 年,江苏大学代翠、董亮及孔繁余等人[41-45]在典型流量条件下,从雷诺时均方法出发,对离心泵作透平流体诱发的内外场噪声特性及在水动力载荷激励作用下的噪声特性进行了数值模拟和实验测量,并提出了基于倾斜叶片与隔舌联合的主动降噪方法(图 1.6)。

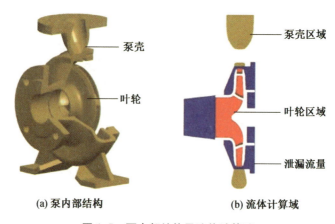

(a) 泵内部结构　　　　　　　　　(b) 流体计算域

图 1.5　泵内部结构及流体计算域

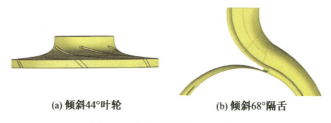

(a) 倾斜44°叶轮　　　　　　　　　(b) 倾斜68°隔舌

图 1.6　倾斜叶轮与隔舌结构

1.3　声学人工材料研究背景

声学人工材料是一种拥有自然材料所不具备的超常物理特性的人工设计新型结构材料,通过精确设计其结构,可以实现声波特定传输、吸收、隔离及反射等新奇效应,为改善环境声学品质提供了有力的技术手段。此外,声学人工材料的特性与自身单元形状结构、几何尺寸及排列方式密切相关,通过变化特定的参量,可以实现声学性能的调控和优化。基于声学人工材料的低频隔声与消声技术因在噪声控制、环境保护及建筑声学等领域具有广泛的应用前景,是当前动力工程、机械工程、环境工程和声学领域的研究热点之一。传统隔声材料存在厚度大和质量密度高等问题,从而严重限制其实际应用范围。近年来,随着声学人工材料(声子晶体、声学超材料[46-54]及声学超表面[55-61]等)的快速发展,基于声学人工结构设计的隔声与消声材料,可以有效克服传统隔声材料的不足,为设计高性能隔声与消声结构提供了新思路。

声子晶体是一种周期性结构材料,其周期性结构可以引起声波的布拉格散射,从而形成特定的能带结构。声子晶体基本单元由具有不同密度和弹性模量的材料组成,通过调节单元结构参数,可以控制声子晶体中声传播方式和声能量传输路径。声子晶体广泛应用于声能量调控及消声降噪等领域,当声波进入声子晶体时,会受到周期性排列的单元结构的影响,从而产生声散射和声能量衰减,进而减弱噪声能量。此外,声子晶体的密度和弹性模量变化会产生声波禁带和导带,例如低频声波可以在声子晶体中传播,而高频声波被声子晶体反射回去,这种带隙可以有效降低噪声能量传播。声子晶体的消声降噪性能还与其结构尺寸和材料参数密切相关,通过调整结构周期和单元材料的特性,可以实现对特定频带的噪声控制。

声学超材料是一种具有特殊声学性质的材料,其设计思路源于超材料的概念,即通过对材料的微观结构进行精确设计,使得材料在宏观尺度上具有特殊的声学性能,从而实现声波的调控。设计声学超材料需要考虑材料结构、密度、弹性模量等参数,通过设计材料的结构和参数,可以实现特定频段声波的吸收和隔离,从而达到降低噪声的效果,为消声降噪提供了新思路和新路径。声学超材料在消声降噪领域有广泛的应用前景,如在建筑物中使用声学超材料,可以降低室内的噪声传播,提高居住舒适度;在汽车和飞机中使用声学超材料可以降低发动机噪声和阻碍风噪的传播,提高乘坐体验;在医疗领域,声学超材料可以用于控制医疗设备产生的噪声。随着声学超材料领域的不断发展,未来可以创造更加宁静和舒适的环境。

声学超表面是一种亚波长厚度的平面结构,具有超薄、平面结构及良好的声波操控能力等优点。声学超表面通常由一系列超薄单元构成,单元能够对声波在 2π 范围实现相位调制,从而在超表面出射面上形成特定的相位分布,实现对波阵面的任意调控。常见的声学超表面单元主要有蜷曲空间单元(图 1.7a)、亥姆霍兹谐振腔阵列单元(图 1.7b)及薄膜结构单元(图 1.7c)等[62]。基于广义斯涅尔定律,声学超表面可以用于设计各种新型声学相控器件,实现任意的声反射、声透射、声隔离及声吸收等[63, 64],在医疗超声、建筑声学、全息声学及消声降噪等领域具有一定的应用前景,同时也为声学领域新材料和新技术的发展提供了新路径。

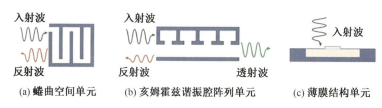

(a) 蜷曲空间单元　　(b) 亥姆霍兹谐振腔阵列单元　　(c) 薄膜结构单元

图 1.7　几种常见的声学超表面单元

1.4　基于声学人工结构的隔声与消声研究现状

近年来,基于声子晶体、声学超材料及声学超表面的隔声与消声效应研究已取得一定的进展,发展出多种设计原理与制备技术,主要包括:

(1) 声子晶体

声子晶体是指由两种以上弹性介质组成的功能材料或结构,具有周期性结构和带隙特性。2000 年,Liu 等人[65]通过在环氧树脂中周期性嵌入软材料包裹的铅球,设计实现了局域共振型声子晶体(图 1.8),这也是首次提出声学人工材料的概念。他们所设计的声子晶体在局域共振模式的固有频率(约400 Hz)处,可以实现负质量密度,并获得低频隔声效应。之后,研究人员陆续提出多种局域共振单元研究低频隔声效应,如橡胶包裹的铅球[66]、软聚合物包裹的金属圆柱[67]及不同开口大小的空心圆球[68]等。

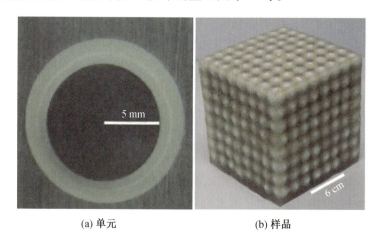

(a) 单元　　　　　　　　　　(b) 样品

图 1.8　局域共振型声子晶体单元与样品照片

2005 年,国防科技大学王刚[69]提出一种在薄板上周期性附加圆柱共振单元的板基共振型声子晶体(图 1.9),在其结构的弯曲波带隙中,基体板的弯曲振动传输会产生衰减,从而提升了板的隔声性能。随后,法国洛林大学 Oudich 等人[70]实验验证了该结构的性能,并指出其在隔声降噪领域的应用前景。此外,在板上引入周期性排列的弹簧振子[71, 72]或压电材料[73],同样可以实现低频隔声效应。

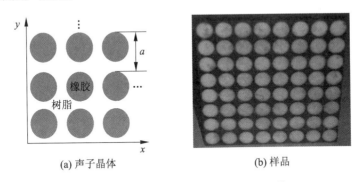

(a) 声子晶体　　　　　　　　(b) 样品

图 1.9　板基共振型声子晶体与样品照片

(2) 薄膜结构

2008 年,香港科技大学 Yang 等人[74]提出一种薄膜谐振隔声结构。在四周固定的弹性薄膜上附加一个不同质量的物块,通过改变薄膜张力调节其谐振频率,实现不同频带的隔声效应。随后,Mei 等人[75]在矩形弹性薄膜上附加若干个半圆形金属片(图 1.10a),通过金属片振动将声能转化为弹性能迅速耗散,从而在频带 100 Hz ~ 1000 Hz 中,实现高性能吸声效应(图 1.10b)。在此基础上,国防科技大学 Zhang 等人[76]提出一种快速计算薄膜型声学超材料声传输损耗的方法,并讨论了膜张力和质量块位置对声传输损耗和特征频率的影响。2014 年,香港科技大学 Ma 等人[77]提出一种基于薄膜结构的阻抗匹配表面(图 1.11a),其结构由薄膜谐振器、反射面及密封气体层构成,厚度仅为 17 mm,约为工作波长的 1/133,显示出深度亚波长特征。所设计的结构基于混合共振模式,在可调谐频率下实现与空气的阻抗匹配,声能量被完全吸收(图 1.11b),通过设计能量转换系统,可以实现 23% 的声能—电能转换效率。2018 年,南京大学 Yu 等人[78]提出一种具有薄膜表面的空箱结构,如图 1.12(a),将不同大小的空箱放置在管道内部,基于空腔、薄膜及箱体和管壁间隙的共同作用,实现了多频带隔声效应(图 1.12b)。此外,该类型薄膜结构还启发了很多后续的理论与实验工作[79, 80]。

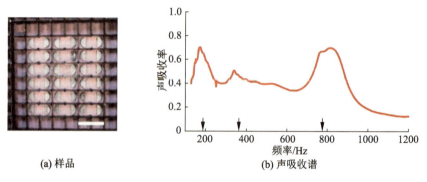

(a) 样品

(b) 声吸收谱

图 1.10   矩形弹性薄膜吸声结构及其声吸收谱

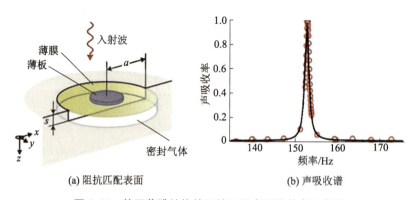

(a) 阻抗匹配表面

(b) 声吸收谱

图 1.11   基于薄膜结构的阻抗匹配表面及其声吸收谱

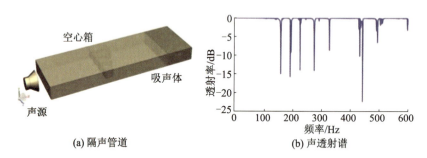

(a) 隔声管道

(b) 声透射谱

图 1.12   基于空箱结构的隔声管道及其声透射谱

（3）二维圆柱吸声体

2010 年,德国马克思·普朗克研究所的 Horstmann 等人[81]提出一种声学黑洞的理论方案,受此启发,2011 年,南京大学 Li 等人[82]提出一种二维圆柱吸声体模型(图 1.13),通过设计模型外壳的折射率分布,将入射声能量沿着特定的传播路径引导进入吸声内核,实现全方位声吸收。随后,西班牙瓦伦西亚理工大学 Climente 等人[83]实验验证了此类结构的吸声性能。Wei 等人[84]将负折射率的引导壳和吸声腔组合,构建了具有任意轮廓的全方位声吸收体,可以吸收任意入射角的声波,并讨论了其在通风隔声窗中的应用。Qian 等人[85]基于温度分布对于折射率的调控,根据所需的折射率分布,理论推导了相应的温度梯度分布,提出两种基于温度梯度的圆柱形二维全方位吸声体,具有超宽带特征。

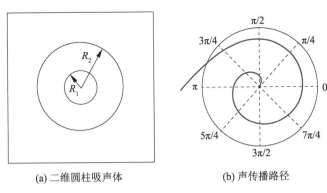

(a) 二维圆柱吸声体　　　　　(b) 声传播路径

图 1.13　二维圆柱吸声体模型及其声传播路径

此外,基于干涉机制设计的圆柱吸声体[86-91],通过产生与入射声波干涉相消的散射声波来实现消声效应。Song 等人[87]通过设计具有特定复数质量密度与体模量的二维圆柱结构,产生与入射声波振幅接近但相位相反的散射声波,实现了基于相干机制的吸声效应。

(4) 蜷曲空间结构

2015 年,南京大学 Cheng 等人[92]提出一种具有高度对称性的蜷曲空间类迷宫单元结构,如图 1.14(a)和 1.14(b),基于单元的单极米氏共振模式,实现了低频声波的强反射效应。之后,Long 等人[93]通过设计一种双通道米氏共振谐振器,基于单元的多阶单极和偶极共振模式激发,实现了多频带近完美声吸收。Li 等人[94,95]基于蜷曲通道结构与穿孔板(图 1.14c),提出一种超薄低频吸声单元,其厚度为波长的 1/223 [94],进一步结合多重蜷曲结构,所设计的超低频吸声单元厚度可以达到波长的 1/527 [96]。图 1.15(a)为基于蜷曲空间单元的可调控吸声结构[97],通过改变腔内通道宽度,可以在宽带范围调控吸收峰位置,获得完美的吸声效应(图 1.15b)。香港科技大学 Yang 等人[98]基于蜷曲结构提出一种最优吸声结构的设计,可以实现 400 Hz 以上的近完美吸声效应。在此基础上,西安交通大学 Liu 等人[99]将其拓展应用到多层结构,在 450 Hz ~ 1360 Hz 频带中实现宽带吸声效应。南京大学 Liu 等人[100]通过设计基于蜷曲通道连接圆孔的超材料板,构建了三维通风隔声笼结构,实现了气流扰动下的稳定隔声效应。此外,蜷曲空间单元结构还启发了后续相关的理论与实验工作[101-111]。

 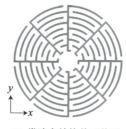 

(a) 类迷宫结构单元样品　　(b) 类迷宫结构单元截面　　(c) 蜷曲通道结构单元

图 1.14　两种类型蜷曲空间单元

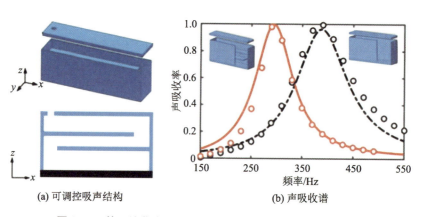

(a) 可调控吸声结构　　　　　(b) 声吸收谱

图 1.15　基于蜷曲空间单元的可调控吸声结构及其声吸收谱

(5) 谐振腔结构

谐振腔是各类隔声与消声结构设计普遍使用的声学人工结构,常见的类型为亥姆霍兹谐振器[112-125],其结构为开孔空腔,声能量被空腔谐振吸收,并在开孔处发生热黏损耗,产生声能量耗散。法国缅因大学 Jimenez 等人[114]基于亥姆霍兹谐振器设计了一种超薄吸声超材料(图 1.16a),基于慢声和临界耦合实现了近全方位完美吸声效应(图 1.16b)。南京大学 Long 等人[119]通过设计模块化的多阶亥姆霍兹谐振器(图 1.17a),并将其安装在通风管道侧面,在不影响通风性能的情况下,实现了管道的多频带声吸收(图 1.17b)。杜克大学 Li 等人[115]设计了基于亥姆霍兹谐振腔的耦合共振吸声结构(图 1.18a)。

基于两个不同共振频率的亥姆霍兹谐振腔进行耦合产生复合共振,两个亥姆霍兹共振腔的本征模式均被激发,且为反相模式。基于色散关系可以得到复合共振频率下声反射为倏逝波,在声波入射方向迅速衰减,声能量局限在亥姆霍兹谐振腔中的空腔和颈部区域,实现了完美吸声效应(图 1.18b)。同济大学 Huang 等人[122]通过组合多个低频亥姆霍兹谐振器,利用弱共振耦合实现了超薄宽带吸声效应。

此外,裂隙谐振器[126-136]是空腔通过裂隙与外部连通,通过调整裂隙位置和尺寸来调控谐振频率的。香港科技大学 Wu 等人[126, 128]基于裂隙管状谐振器设计了具有深度亚波长厚度的低频吸声器[126],可以实现 500 Hz 以下的高性能吸声效应,且对于大角度斜入射声波具有一定的鲁棒性。之后,研究人员将两个谐振器反对称组合,基于耦合本征模式的激发,设计实现了一种双层通风吸声屏障[128]。西安交通大学 Liu 等人[131, 132]通过叠加多个具有不同参数的微裂隙谐振器(图 1.19)组成超单元,实现了表面积不变的宽带吸声效应[131],在此基础上,通过设计中心开孔的微裂隙谐振器,实现了通风宽带吸声效应[132]。

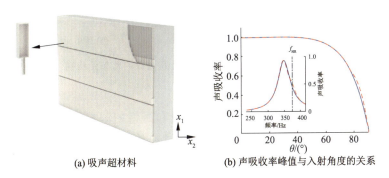

(a) 吸声超材料 (b) 声吸收率峰值与入射角度的关系

图 1.16 基于亥姆霍兹谐振器的近全方位吸声超材料及其吸声性能

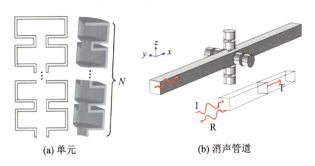

(a) 单元 (b) 消声管道

图 1.17 多阶亥姆霍兹谐振腔单元及其对应的消声管道

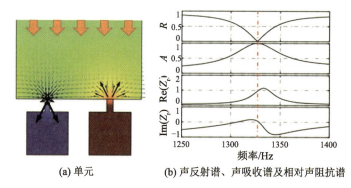

(a) 单元　　　　(b) 声反射谱、声吸收谱及相对声阻抗谱

图 1.18　基于亥姆霍兹谐振腔的耦合共振吸声单元及其声反射谱、声吸收谱及相对声阻抗谱

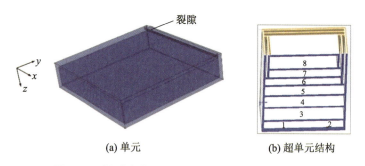

(a) 单元　　　　(b) 超单元结构

图 1.19　微裂隙谐振器单元及其对应的超单元结构

（6）声学超表面

研究人员借鉴光学超表面对光线反射和折射的调控机理[137]，设计超薄易集成的声学超表面，基于相位调控机制对声传播进行调控，提出并实现了单向与双向通风隔声结构[138-148]。2015 年，南京大学 Zhu 等人将不同相位梯度的声学超表面（图 1.20a 和 1.20b）嵌入通道内侧，实现了单向[139]与双向[142]隔声通道（图 1.20c 和 1.20d）。之后，西安交通大学 Wang 等人[141]在通道两侧同时引入超表面与吸声材料，设计了一种单向隔声通道。江苏大学 Ge 等人[143]在管道两侧设置两对对称的三角形腔（图 1.21a），基于多重散射机制实现了单向隔声（图 1.21b），在此基础上，设计基于钩状单元的声学超表面，制备了单/双向可调控隔声窗[144]（图 1.22）。在上述隔声窗和通道结构中，其他媒介（如空气、热、光等）均可以自由流通。

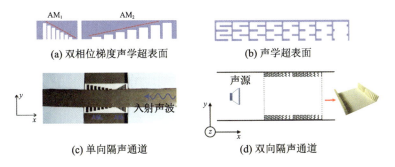

(a) 双相位梯度声学超表面　　　　(b) 声学超表面

(c) 单向隔声通道　　　　　　(d) 双向隔声通道

图 1.20　两种类型声学超表面及其对应的隔声通道

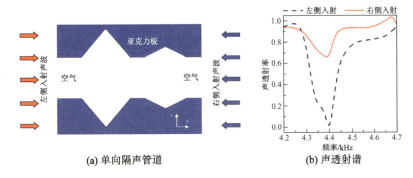

(a) 单向隔声管道　　　　　　(b) 声透射谱

图 1.21　单向隔声管道及其声透射谱

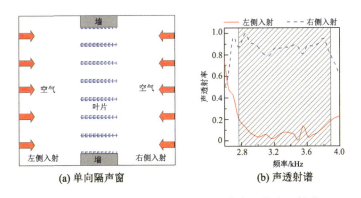

(a) 单向隔声窗　　　　　　(b) 声透射谱

图 1.22　基于声学超表面的单向隔声窗及其声透射谱

　　目前,基于声学人工结构的低频隔声与消声研究已取得一定的成绩,然而,现有的技术仍存在着结构厚度较大、工作频带较窄、通风性能受限及结构复杂、对材料参数要求严苛及不易于加工制备等不足。此外,泵系统产生的噪声传播方向较发散,尚缺乏通风结构对低频声波的精确操控机制及相关的全方位隔声与消声结构。因此,基于声学人工结构设计具有低频、宽带、通风、超薄等特性的隔声与消声结构,深入研究其性能及物理机制,探索其在泵房及泵车车厢壁等实际工程场景中的应用,可以为解决泵系统噪声控制问题提供新方案和新路径,具有重要的科学意义和应用价值。

1.5 本书的主要研究工作

本书采用理论分析、实验测量和数值模拟相结合的方法,针对泵系统工作产生的噪声进行基于声学人工结构的新型隔声与消声结构研究。主要内容如下:

第1章,阐述本书选题背景及研究意义,介绍泵系统噪声控制研究背景及其研究现状、声学人工材料研究背景、基于声学人工结构的隔声与消声的国内外最新研究进展。

第2章,阐述基于声学人工结构的隔声与消声基本理论,介绍隔声与消声基本理论、有限元方法、等效介质理论、电声类比理论、广义斯涅尔定律及声子晶体能带理论等,为研究基于声学人工结构的隔声与消声效应及机制提供了相应的理论依据与方法。

第3章,针对泵房内部低频噪声控制墙壁厚度大及空间利用率低的问题,介绍基于多腔共振单元的超薄低频平面消声墙,基于双通道共振单元的超薄低频消声墙及基于嵌入式多腔共振单元的双频带低频平面消声墙,并基于不同结构参数单元设计实现了宽带消声墙,讨论了其在超薄宽带消声室中的工程应用。最后,针对应急供水多级泵系统的工作噪声频带,设计制备了基于双通道共振单元的超薄宽带消声泵房结构,实现了泵系统工作噪声的高性能吸收。

第4章,针对密闭隔声泵房阻碍空气和热量等媒介与外界交换的问题,介绍两种类型基于反对称谐振腔隔声单元的宽带通风低频隔声屏障,并通过移动谐振腔单元的抽屉型结构,调控通风屏障的低频隔声频带。介绍基于多腔共振单元的宽带通风隔声屏障,并利用多层结构实现了超宽带通风隔声屏障。此外,介绍基于蜷曲通道共振单元的双层宽带通风隔声屏障,在此基础上设计制备一种多层通风屏障,实现了超宽带隔声效应,并探索了其在泵房通风隔声屏障中的应用。

第 5 章,针对车载应急供水多级泵系统噪声控制的需求,介绍基于钩状单元声学超表面的单向隔声通道和隔声窗及两种类型可调控全方位双向隔声窗,通过改变叶片间距和水平平移叶片,实现两种类型窗结构的双向隔声开关调控。此外,介绍基于蜷曲结构单元声学超表面的低频低反射双向隔声通道和隔声窗,在此基础上设计制备了双梯度声学超表面并构建车载泵的通风隔声车厢壁,实现了对车载泵噪声辐射的有效控制,满足生态友好和通风散热的需求。

第 6 章,针对泵房通风管道中的消声降噪问题,介绍基于双蜷曲通道共振结构的宽带消声管道、基于多腔米氏共振单元的宽带消声管道,通过对多个不同参数单元进行组合,设计制备了宽带泵房消声管道。此外,介绍了基于两对大小不同三角形空腔的泵房单向隔声管道,基于三角形腔的多重散射机制实现了单向隔声效应。所设计的消声和隔声管道方案为泵房通风管道的噪声控制提供了新思路与新技术路径。

第 2 章　基于声学人工结构的隔声与消声基本理论

如今,隔声与消声技术已经成为保障人们生活和工作环境不受噪声干扰的重要手段。传统隔声与消声材料虽然可以对噪声进行有效控制,但同时存在结构厚度大、质量密度高等不足。近年来,声学人工结构(声子晶体、声学超材料及声学超表面)迅猛发展,被广泛应用于隔声与消声结构的设计制备中,声学人工结构能有效实现声传播操控,且具有超薄、通风及宽带等特点,在噪声控制、建筑声学及环境保护等领域具有一定的应用前景。基于声学人工结构的隔声与消声基本理论,可以分析声波在不同材料和结构中的传播特性,进而设计出具有优异隔声与消声性能的声学人工结构,从而可以进一步提升环境的声学品质和人们的生活质量。

本章主要介绍基于声学人工结构的隔声与消声基本理论,包括隔声与消声基本理论、有限元方法、等效介质理论、电声类比理论、广义斯涅尔定律及声子晶体能带理论等,为研究基于声学人工结构的隔声与消声效应及机制提供理论依据与方法。

2.1　隔声与消声基本理论

如图 2.1,以平面声波透射通过三层介质为例,其中介质 Ⅰ 和Ⅲ为空气,声音在其中传播的声速为 c_0,中间层介质 Ⅱ 为隔声结构,厚度为 D。

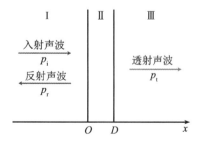

图 2.1　三层介质中声波入射、反射和透射示意图

介质 Ⅰ 和Ⅲ中的入射、反射及透射声波分别表示为[8, 149]

$$p_i = p_{0i} e^{i\frac{\omega}{c_0}x} \tag{2.1}$$

$$p_r = p_{0r} e^{-i\frac{\omega}{c_0}x} \tag{2.2}$$

$$p_t = p_{0t} e^{i\frac{\omega}{c_0}(x-D)} \tag{2.3}$$

式中,p_{0i},p_{0r},p_{0t} 分别为入射声波、反射声波及透射声波的声压幅值;ω 为角频率。基于式(2.1)~(2.3),可以得到声反射系数 r 和声透射系数 t,分别表示为[8, 149]

$$r = \frac{p_{0r}}{p_{0i}} \tag{2.4}$$

$$t = \frac{p_{0t}}{p_{0i}} \tag{2.5}$$

基于式(2.4)和(2.5),可以得到声反射率 R 和声透射率 T,分别表示为[8, 149]

$$R = |r|^2 \tag{2.6}$$

$$T = |t|^2 \tag{2.7}$$

将声透射率转换为分贝形式,即隔声量（sound transmission loss,STL）表示为[8]

$$STL = 10\lg \frac{1}{T} \quad (dB) \tag{2.8}$$

基于能量守恒定律,可以得到声吸收率为

$$\alpha = 1 - R - T \tag{2.9}$$

2.2　有限元方法

有限元方法是科学研究和工程应用中普遍使用的数值方法[150-154],最早源于 20 世纪 40 年代 Hrennikoff 和 Courant 求解机械力学中的弹性结构问题时提出的设想,但巨大的计算量严重阻碍了其实际应用。近年来,随着计算机技术的迅猛发展,有限元方法已广泛应用于解决各类物理场问题。

有限元方法的基本思路是将微分方程问题转化为求解泛函极值问题。首先,将求解域划分为许多通过节点相互连接的微单元,构建离散化模型逼近实际物理场。然后,根据变分原理建立求解节点处场函数的代数方程组,最终求出任意单元任意点的解。

有限元方法求解步骤包括:第一步划分求解域,根据求解域的形状,将其划分为有限多个通过节点互相连通但不重叠的单元,节点通常位于单元的顶点,对于二维求解域,单元形状一般设置为三角形,而对于三维求解域,单元形状设置为四面体;第二步根据节点数量和求解精度选取合适的插值函数作为单元的基函数,推算单元的场函数,然后,将场函数代入积分方程,并对单元区域积分,得到单元的有限元方程形式;最后,将所有单元的有限元方程累加得到整体结构的有限元方程,结合节点处的连续性方程及求解域的边界条件,采用高斯消元法和迭代法等数值方法进行求解。整个求解域中任意点的物理量,可以基于节点上的解,通过插值函数近似得到。

书中采用有限元商业软件 COMSOL Multiphysics 数值模拟所设计的隔声与消声结构性能。这里,以空气波导中的声传播为例,介绍基于有限元方法的数值模拟流程。

图 2.2 为空气波导中声传播示意图。软件中采用压力声学模块,在频域中计算静态背景下流体中的声传播压力变化,满足亥姆霍兹方程,其有限元方程形式为[155]

$$\nabla \cdot \left(-\frac{1}{\rho_0} \nabla p \right) - \frac{\omega^2 p}{\rho_0 c_0^2} = 0 \qquad (2.10)$$

式中,p 为声压;ρ_0 和 c_0 分别为空气密度和空气中的声速;ω 为角频率。

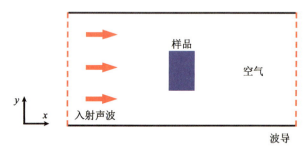

图 2.2 空气波导中声传播示意图

波导边界(图中实线)采用硬声场边界条件,速度和加速度的法向分量为零,其有限元方程形式为[155]

$$-\boldsymbol{n} \cdot \left(-\frac{1}{\rho_0} \nabla p \right) = 0 \qquad (2.11)$$

式中,$\boldsymbol{n}$ 为单位法向矢量。

在波导中,声波以平面波形式传播,波导两端为开放端口。因此,波导两侧边界(图中虚线)采用平面波辐射边界条件,其有限元方程形式为[155]

$$-\boldsymbol{n} \cdot \left(-\frac{1}{\rho_0}\boldsymbol{\nabla}p\right) + \mathrm{i}\frac{kp}{\rho_0} + \frac{\mathrm{i}}{2k\rho_0}\Delta_{\parallel}p = Q_{\mathrm{i}} \tag{2.12}$$

式中,Q_{i} 为入射声源,波数 $k=\omega/c_0$,左边界设置为入射压力场 p_{i},采用预定义平面波形式,表示如下[155]

$$p_{\mathrm{i}} = p_1\mathrm{e}^{-\mathrm{i}kx} \tag{2.13}$$

式中,p_1 为声压幅值,p_{i} 满足下列有限元方程形式[155]

$$Q_{\mathrm{i}} = \mathrm{i}\frac{kp_{\mathrm{i}}}{\rho_0} + \frac{\mathrm{i}}{2k\rho_0}\Delta_{\parallel}p_{\mathrm{i}} + \boldsymbol{n} \cdot \frac{1}{\rho_0}\boldsymbol{\nabla}p_{\mathrm{i}} \tag{2.14}$$

对于样品结构内部声场的计算,由于在样品内部界面存在边界层,黏性摩擦和热传导尤为重要,因此需要在方程中引入热传导效应和黏性损失,采用热黏性声学,在频域中计算静态背景下的线性化纳维—斯托克斯方程,其有限元方程形式为[155]

$$\mathrm{i}\omega\rho_{\mathrm{t}} + \boldsymbol{\nabla} \cdot (\rho_0\boldsymbol{u}_{\mathrm{t}}) = 0 \tag{2.15}$$

$$\mathrm{i}\omega\rho_0\boldsymbol{u}_{\mathrm{t}} = \boldsymbol{\nabla} \cdot \left\{-p_{\mathrm{t}}\boldsymbol{I} + \mu\left[\boldsymbol{\nabla}\boldsymbol{u}_{\mathrm{t}} + (\boldsymbol{\nabla}\boldsymbol{u}_{\mathrm{t}})^T\right] - \left(\frac{2}{3}\mu - \mu_{\mathrm{B}}\right)(\boldsymbol{\nabla} \cdot \boldsymbol{u}_{\mathrm{t}})\boldsymbol{I}\right\} \tag{2.16}$$

$$\rho_0 C_P(\mathrm{i}\omega T_{\mathrm{t}} + \boldsymbol{u}_{\mathrm{t}} \cdot \boldsymbol{\nabla}T_0) - \alpha_{\mathrm{P}}T_0(\mathrm{i}\omega p_{\mathrm{t}} + \boldsymbol{u}_{\mathrm{t}} \cdot \boldsymbol{\nabla}p_0) = \boldsymbol{\nabla} \cdot (\kappa\boldsymbol{\nabla}T_{\mathrm{t}}) + Q \tag{2.17}$$

$$\rho_{\mathrm{t}} = \rho_0(\beta_T p_{\mathrm{t}} - \alpha_{\mathrm{p}}T_{\mathrm{t}}) \tag{2.18}$$

式中,ρ_{t},$\boldsymbol{u}_{\mathrm{t}}$,$p_{\mathrm{t}}$,$T$,$T_{\mathrm{t}}$,$T_0$,$p_0$,$\mu$,$\mu_{\mathrm{B}}$,$C_P$,$\alpha_{\mathrm{P}}$,$\kappa$ 及 β_T 分别为总密度、总速度、总声压、温度、总温度、平衡温度、平衡压力、动力黏度、体积黏度、定压热容、热膨胀系数、导热系数及等温压缩率,$\boldsymbol{I}$ 为单位张量,Q 为热源热量。此外,边界层厚度表示为[155]

$$d_{\mathrm{v}} = \sqrt{\frac{2\mu}{\omega\rho_0}} \tag{2.19}$$

$$d_{\mathrm{t}} = \sqrt{\frac{2\kappa}{\omega\rho_0 C_P}} \tag{2.20}$$

式中,d_{v} 为黏性边界层厚度,d_{t} 为热边界层厚度。

在热黏性声学区域与压力声学区域的分界面采用压力声学—热黏性声学耦合边界,将热黏性声学区域与压力声学区域耦合,耦合边界满足总法向应力、总法向加速度的连续性以及总温度的绝热条件,其有限元方程形式表示为[155]

$$-\boldsymbol{n} \cdot \left(-\frac{1}{\rho_0} \boldsymbol{\nabla} p_t \right) = -\boldsymbol{n} \cdot \mathrm{i}\omega \boldsymbol{u}_t \qquad (2.21)$$

$$\left\{ -p_t \boldsymbol{I} + \mu \left[\boldsymbol{\nabla} \boldsymbol{u}_t + (\boldsymbol{\nabla} \boldsymbol{u}_t)^T \right] - \left(\frac{2}{3}\mu - \mu_B \right) (\boldsymbol{\nabla} \cdot \boldsymbol{u}_t) \boldsymbol{I} \right\} \boldsymbol{n} = -p_t \boldsymbol{n} \qquad (2.22)$$

$$-\boldsymbol{n} \cdot (-\kappa \boldsymbol{\nabla} T_t) = 0 \qquad (2.23)$$

在此基础上,将求解域网格划分成多个基本单元,基于 COMSOL Multiphysics 有限元数值软件,通过参数计算即可得到整个求解域的声场分布。

2.3 等效介质理论

等效介质理论[156, 157]是研究声学人工结构的重要理论方法,其核心思想是将声学人工结构看作一种等效均匀介质,在数值模拟声学人工结构的透射系数与反射系数的基础上,通过反演得到等效介质的相关参数,如等效质量密度、等效声阻抗及等效声折射率等。

如图 2.3,设厚度为 d 的等效介质放置在均匀的背景介质中,背景介质的密度和声速分别为 ρ_1 和 c_1,等效介质的等效密度和等效声速分别为 ρ_2 和 c_2,对应的声特性阻抗分别为 $Z_1 = \rho_1 c_1$ 和 $Z_2 = \rho_2 c_2$。当声波垂直入射到等效介质表面时,对应的声反射系数和声透射系数分别表示为[156]

$$r = \frac{(Z_2^2 - Z_1^2)(\mathrm{e}^{-2\mathrm{i}\varphi} - 1)}{(Z_2^2 - Z_1^2)\mathrm{e}^{-2\mathrm{i}\varphi} - (Z_1 - Z_2)^2} \qquad (2.24)$$

$$t = \frac{4Z_1 Z_2}{-(Z_2 - Z_1)^2 \mathrm{e}^{\mathrm{i}\varphi} + (Z_1 + Z_2)^2} \qquad (2.25)$$

式中,$\varphi = \pi f d / c_2$,f 为声波频率。在式(2.24)和(2.25)中引入参数 $m = \rho_2 / \rho_1$,声折射率 $n = c_1 / c_2$,$k = 2\pi f / c_1$,相对声特性阻抗 $Z_r = Z_2 / Z_1$,可以得到[156]

$$r = \frac{\tan(nkd)\left(\dfrac{1}{Z_r} - Z_r \right)\mathrm{i}}{2 - \tan(nkd)\left(\dfrac{1}{Z_r} + Z_r \right)\mathrm{i}} \qquad (2.26)$$

$$t = \frac{2}{\cos(nkd)\left[2 - \tan(nkd)\left(\dfrac{1}{Z_r} + Z_r \right)\mathrm{i} \right]} \qquad (2.27)$$

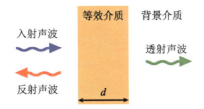

图 2.3 声波通过等效介质示意图

联立式(2.26)和(2.27)可得[156]

$$n = \frac{-\mathrm{i} \log A + 2\pi m}{kd} \tag{2.28}$$

$$Z_{\mathrm{r}} = \frac{B}{1 - 2r + r^2 - t^2} \tag{2.29}$$

$$A = \frac{1 - r^2 + t^2 + B}{2t} \tag{2.30}$$

$$B = \mp \sqrt{(r^2 - t^2 - 1)^2 - 4t^2} \tag{2.31}$$

因此,等效介质的等效密度、等效声速及等效体模量分别表示为[157]

$$\rho_2 = \rho_1 n Z_{\mathrm{r}} \tag{2.32}$$

$$c_2 = \frac{kdc_1}{-\mathrm{i} \log A + 2\pi m} \tag{2.33}$$

$$E_2 = \rho_2 c_2^2 \tag{2.34}$$

2.4 电声类比理论

电振荡与声传播具有类似的微分方程形式,其物理量随时间的变化规律也相似。因此,在研究声学人工结构时,可以将声学人工结构和电系统进行类比,将电系统的相关规律通过类比借鉴到声学人工结构中,从而可以简化分析声学系统的声传输规律[149]。下面以一维电传输线为例,介绍电声类比理论。

对于一维电传输线,其电报方程表示为[149]

$$\frac{\partial U}{\partial x} = -RI - L\frac{\partial I}{\partial t} \tag{2.35}$$

$$\frac{\partial I}{\partial x} = -GU - C\frac{\partial U}{\partial t} \tag{2.36}$$

式中,U,I,L,C,R 和 G 分别表示电压、电流、电传输系统单位长度的电感、电容、电阻和电导。联立式(2.35)和(2.36)可以得到电传输线波动方程[149]

$$\frac{\partial^2 U}{\partial x^2} = RGU + (RC + GL)\frac{\partial U}{\partial t} + LC\frac{\partial^2 U}{\partial t^2} \qquad (2.37)$$

在稳态情况下,其解可表示为[149]

$$U = \left(A e^{-\bar{i}kx} + B e^{\bar{i}kx}\right) e^{i\omega t} \qquad (2.38)$$

$$I = \left(\frac{A}{Z_0} e^{-\bar{i}kx} - \frac{B}{Z_0} e^{\bar{i}kx}\right) e^{i\omega t} \qquad (2.39)$$

式中,系数 A 和 B 由边界条件决定,$\bar{k}$ 和 Z_0 分别为电传播常数和传输线特性阻抗,表示为[149]

$$\bar{k} = i\sqrt{(R + i\omega L)(G + i\omega C)} \qquad (2.40)$$

$$Z_0 = \sqrt{\frac{R + i\omega L}{G + i\omega C}} \qquad (2.41)$$

对于一维声传输系统,如波导管中平面波传播,考虑管壁黏滞效应,波导管中的声传播可以表示为[149]

$$\frac{\partial p}{\partial x} = 2\rho_0 c_0 \beta v - \rho_0 \frac{\partial v}{\partial t} \qquad (2.42)$$

式中,v 为质点速度平均值,β 为声衰减系数。波导管中媒质的连续性方程表示如下[149]

$$\frac{\partial v}{\partial x} = -\frac{1}{\rho_0 c_0^2}\frac{\partial p}{\partial t} \qquad (2.43)$$

将式(2.42)和(2.43)分别与式(2.35)和(2.36)进行比较,可以得到,当 $G = 0$ 时,将电系统的参数 U,I,L,C,R 与声系统参数 $p,v,\rho_0,\dfrac{1}{\rho_0 c_0^2},2\rho_0 c_0\beta$ 分别进行类比,则电系统与声系统完全等价。将类比关系代入式(2.40)和(2.41),当 $\beta \ll \dfrac{\omega}{c_0}$ 时,可以得到[149]

$$\bar{k} \approx \frac{\omega}{c_0} - i\beta \qquad (2.44)$$

$$Z_0 \approx \rho_0 c_0 \qquad (2.45)$$

而式(2.37)可以转化为[149]

$$\frac{\partial^2 p}{\partial x^2} = \frac{1}{c_0^2}\frac{\partial^2 p}{\partial t^2} + \frac{2}{c_0}\beta\frac{\partial p}{\partial t} \tag{2.46}$$

式(2.46)为波导管中的声传播波方程。因此,基于电声类比关系,电系统方程及其解可以用来类比描述声学人工结构中的声传播规律。

2.5　广义斯涅尔定律

声学超表面具有亚波长尺寸、平面结构及相位可调控等特性,可以用来设计超薄平面声学相控结构及其相关的器件。在声传播中引入突变相位,可以调控声传播路径,为声波操控及隔声/消声提供了新思路。下面推导声波透射的广义斯涅尔定律[137],如图 2.4(a),在声传播中引入具有突变相位的声学超表面,其两侧介质为空气。设声波从 A 点以角度 θ_i(蓝色箭头)入射到超表面上,再以角度 θ_t 折射到达 B 点,由于超表面具有非连续相位分布,声波在超表面上 C 点产生相位延迟 φ。同样,从 A 点激发的另一束声波(红色箭头)入射到超表面 D 点,产生相位延迟 $\varphi+\mathrm{d}\varphi$,折射声波也到达 B 点。基于费马原理,两条声传播路径的相位差为零,表示为[137]

$$k\sin\theta_i\mathrm{d}x + \varphi + \mathrm{d}\varphi = k\sin\theta_t\mathrm{d}x + \varphi \tag{2.47}$$

式中,$\mathrm{d}x$ 为 C、D 两点的间距,$k = 2\pi f/c$ 为波数,其中 c 为空气中的声波波速,f 为频率。基于式(2.47)可以得到透射声波广义斯涅尔定律,表示为[137]

$$\sin\theta_t - \sin\theta_i = \frac{\mathrm{d}\varphi}{k\mathrm{d}x} \tag{2.48}$$

此外,若超表面的两侧介质不是空气,对应的折射率分别为 n_i 和 n_t,则透射声波广义斯涅尔定律表示为[137]

$$n_t\sin\theta_t - n_i\sin\theta_i = \frac{\mathrm{d}\varphi}{k\mathrm{d}x} \tag{2.49}$$

对于声波反射,如图 2.4(b),设声波从 A 点以角度 θ_i(蓝色箭头)入射到超表面上 C 点,产生相位延迟 φ,再以反射角度 θ_r 反射到达 B 点,同样,从 A 点出发的另一束声波(红色箭头)入射到超表面 D 点后,也反射到 B 点,对应的相位延迟为 $\varphi+\mathrm{d}\varphi$。将两束反射声波关于超表面进行镜像对称汇聚到 B' 点,与透射声波情况类似,可以得到[137]

$$k\sin\theta_i\mathrm{d}x + \varphi + \mathrm{d}\varphi = k\sin\theta_r\mathrm{d}x + \varphi \tag{2.50}$$

将式(2.50)简化可得[137]

$$\sin\theta_r - \sin\theta_i = \frac{\mathrm{d}\varphi}{k\mathrm{d}x} \qquad (2.51)$$

基于式(2.48)和(2.51),沿 x 方向选取合适的相位梯度可以实现声传播的任意操控,因此,广义斯涅尔定律为声波操控提供了极大的灵活性。通过设计一系列相位延迟覆盖 2π 范围的相控单元,构建任意相位梯度分布的声学超表面,可以实现声折射、声反射、声聚焦及声艾里束等。

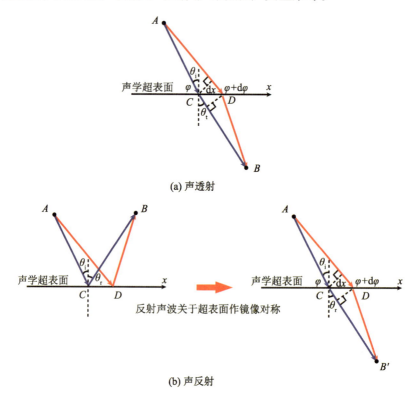

(a) 声透射

(b) 声反射

图 2.4 基于广义斯涅尔定律的声透射与声反射示意图

2.6 声子晶体能带理论

声子晶体是由两种或两种以上材料构建的单元在空间周期性排列而成的一类新型人工材料,具有丰富的声学特性。能带结构由于可以直观地反映声波在声子晶体内的传播特性,因此常被用来表征声子晶体的带隙特性。由于声波在带隙频率范围内无法传播,所以声子晶体的带隙特性在隔声降噪等领域具有广泛应用。这里介绍一种二维矩形晶格声子晶体的布里渊区结构。

图 2.5 为矩形单元在 x 和 y 平面内周期性排列构建的二维声子晶体,其单元长度和宽度分别为 a 和 b。声子晶体的正格矢表示为[158]

$$\boldsymbol{a}_1 = (a, 0) \tag{2.52}$$

$$\boldsymbol{a}_2 = (0, b) \tag{2.53}$$

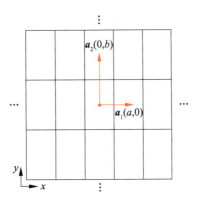

图 2.5　二维声子晶体示意图

由于二维声子晶体在 z 方向可视为无限大,故正格矢的 z 坐标可以简写为 0。为了研究声子晶体的能带结构,需要计算声子晶体的倒格矢。为方便计算,增加一个大小为 1 且方向与 $\boldsymbol{a}_1$、$\boldsymbol{a}_2$ 均垂直的正格矢,则三个正格矢表示为[158]

$$\boldsymbol{a}_1 = (a, 0, 0) \tag{2.54}$$

$$\boldsymbol{a}_2 = (0, b, 0) \tag{2.55}$$

$$\boldsymbol{a}_3 = (0, 0, 1) \tag{2.56}$$

倒格矢与正格子基矢的理论关系为[158]

$$\boldsymbol{b}_1 = 2\pi \frac{\boldsymbol{a}_2 \times \boldsymbol{a}_3}{\boldsymbol{a}_1 \cdot (\boldsymbol{a}_2 \times \boldsymbol{a}_3)} \tag{2.57}$$

$$\boldsymbol{b}_2 = 2\pi \frac{\boldsymbol{a}_3 \times \boldsymbol{a}_1}{\boldsymbol{a}_1 \cdot (\boldsymbol{a}_2 \times \boldsymbol{a}_3)} \tag{2.58}$$

$$\boldsymbol{b}_3 = 2\pi \frac{\boldsymbol{a}_1 \times \boldsymbol{a}_2}{\boldsymbol{a}_1 \cdot (\boldsymbol{a}_2 \times \boldsymbol{a}_3)} \tag{2.59}$$

将式(2.54)~(2.56)分别代入式(2.57)~(2.59),可以得到声子晶体的

三维倒格矢,表示为[158]

$$b_1 = \left(\frac{2\pi}{a}, 0, 0\right) \tag{2.60}$$

$$b_2 = \left(0, \frac{2\pi}{b}, 0\right) \tag{2.61}$$

$$b_3 = \left(0, 0, \frac{2\pi}{1}\right) \tag{2.62}$$

在此基础上,消去三维倒格矢的 k_z 分量,可以得到声子晶体的二维倒格矢。由于单元在空间分布上具有对称性,即声子晶体具有周期性,因此,利用 COMSOL Multiphysics 软件计算声子晶体的能带结构时,只需研究单个单元,模型边界采用周期性边界条件。如图 2.6,大矩形框区域为声子晶体的第一布里渊区,小矩形区域(带阴影)为不可约布里渊区。考虑单元对称性,沿 Γ-X-Y-Γ-S 方向扫描倒格矢,可以得到声子晶体的能带结构。

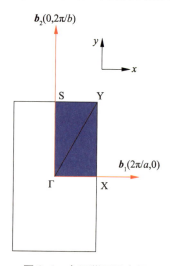

图 2.6　布里渊区示意图

第3章 超薄宽带消声墙设计及其在消声泵房中的应用

泵系统工作时会产生强烈的低频噪声,对人们的身心健康及生态环境造成较大影响。基于传统声学材料设计的泵房结构虽然可以抑制噪声传播,但同时也存在着结构厚度大及质量密度高等缺点。在一些特殊的应用场景,如山区或边远灾区,所需的泵房结构不仅要超薄轻便,还应易于组装和拆卸。基于声学人工结构设计的超薄低频吸声结构可以有效解决该问题。近年来,研究人员提出多种基于声学人工结构的吸声单元,包括蜷曲空间结构[92-111]、亥姆霍兹谐振腔[112-125]及微裂隙谐振腔[126-136]等。在上述单元结构中,通过折叠空间结构,基于慢声机制可以实现亚波长尺寸,但也同时造成工作频带窄、带宽拓展难等问题,极大限制了其实际应用。因此,设计基于声学人工结构的宽带超薄吸声结构仍然面临着很大的挑战。

本章针对泵房内部低频噪声控制的墙壁厚度大及空间利用率低的问题,提出三种类型超薄吸声结构。首先提出一种多腔共振单元,由此设计制备了超薄低频平面消声墙(厚度为 $\lambda/90$),基于本征模式和相对声阻抗分析了单元吸声机制,讨论单元结构参数对带宽的影响,并利用不同参数单元设计实现了宽带低频消声墙。其次提出一种双通道共振单元,由此设计制备了超薄低频消声墙(厚度为 $\lambda/23$),所实现的近完美吸声效应来自声阻抗匹配和热黏耗散,在此基础上,基于不同结构参数单元构建超单元结构,设计实现了宽带低频超薄消声墙,并讨论消声墙在宽带低频消声室中的应用,所设计的消声室空间占用比明显低于传统的消声室。再次,提出一种嵌入式多腔共振单元,由此设计制备了双频带低频平面消声墙(厚度为 $\lambda/19$),所对应的两个消声频带由不同物理机制产生,并探索了消声墙在双频带低频消声室中的应用。最后,针对应急供水多级泵系统的噪声频带,设计制备了基于双通道共振单元的超薄宽带消声墙,数值模拟消声泵房的吸声性能,所设计的超薄宽带消声墙可以有效吸收泵系统产生的噪声。

3.1 基于多腔共振单元的超薄低频平面消声墙

3.1.1 单元结构

图 3.1(a)显示所设计的超薄平面消声墙结构[160],消声墙由相同的多腔单元周期排列而成,单元长度为 a、厚度为 h。图 3.1(b)为多腔单元三维结构,它由中心开孔(直径为 d)的上侧平板(厚度为 t_3)和底侧多腔结构(厚度为 t_4)组成。单元中心为方形空腔(图 3.1c),长度为 b,空腔四周通过 4 个空气通道(宽度为 t_1)与外框相互连通,通道与外框间距为 t_2,结构壁厚为 t,单元结构具有高度对称性。基于 3D 打印技术,采用环氧树脂打印制备单元样品,其照片如图 3.1(d)。

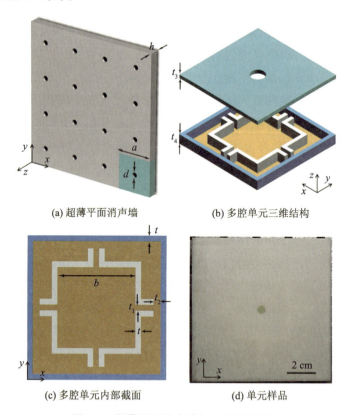

(a) 超薄平面消声墙   (b) 多腔单元三维结构

(c) 多腔单元内部截面   (d) 单元样品

图 3.1 超薄平面消声墙与多腔单元结构

3.1.2　数值模型

如图 3.2,采用有限元多物理场耦合软件 COMSOL Multiphysics 数值模拟单元的吸声性能,在单元内部采用热黏声-固耦合模块数值模拟热黏损耗,在单元外部采用压力声学模块以减少数值模拟计算量。单元内侧表面及上侧平板中心圆孔的内表面(图中长方体底面区域)设置为热黏声-固耦合边界,边界层厚度 $d_v = \sqrt{2\mu/\rho\omega}$ [94],上侧平板中心圆孔与外部的界面设置为声学-热黏声学耦合边界。数值模型的材料参数及单元结构参数分别见表 3.1 和表 3.2。

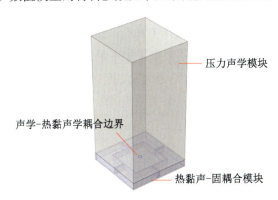

图 3.2　数值模型示意图

表 3.1　数值模型的材料参数

参数	环氧树脂	空气
密度(ρ)	1180 kg/m^3	$p_0 M/RT$
纵波速度(c_l)	2720 m/s	$\sqrt{\gamma RT/M}$
横波速度(c_t)	1460 m/s	
摩尔质量(M)		28.97×10^{-3} kg/mol
摩尔热容比(γ)		1.4
摩尔气体常数(R)		8.31 J/(mol·K^{-1})
大气压力(P_0)		101.325 kPa
空气温度(T)		293 K
动力黏度系数(μ)		1.56×10^{-5} Pa·s

表 3.2　单元结构参数

a/cm	b/cm	d/mm	t/mm	t_1/mm	t_2/mm	t_3/mm	t_4/mm
10.0	4.2	5.0	2.0	2.0	10.0	1.0	15.0

3.1.3　实验测量

图 3.3 为实验测量装置示意图。实验测量在亚克力板制备的直波导中进行,亚克力板可以满足硬声场边界条件。样品放置在波导管右侧;声源放置在波导管左侧,通过功率放大器驱动,在波导中产生入射声信号;两个 1/4 英寸麦克风分别从波导上侧平板的孔 1 和孔 2 插入波导测量声信号,所测量的声信号分别表示为 p_1 和 p_2,利用数据采集卡采集数据后进行处理。

设入射声信号为 p_I,反射声信号为 p_R,孔 1 和孔 2 间距为 s,孔 2 和样品表面间距为 l,则麦克风测量的声信号表示为[159]

$$p_1 = p_I e^{ik(s+l)} + p_R e^{-ik(s+l)} \tag{3.1}$$

$$p_2 = p_I e^{ikl} + p_R e^{-ikl} \tag{3.2}$$

式中,$k = 2\pi/\lambda$ 为波数,λ 为波长。联立式(3.1)和(3.2)可得入射和反射声信号,分别表示为[159]

$$p_I = \frac{p_2 e^{-ik(s+l)} - p_1 e^{-ikl}}{e^{-iks} - e^{iks}} \tag{3.3}$$

$$p_R = \frac{p_1 e^{ikl} - p_2 e^{ik(s+l)}}{e^{-iks} - e^{iks}} \tag{3.4}$$

由式(3.3)和(3.4),可以得到样品表面的声反射系数 $r = |p_R|/|p_I|$,这里不考虑声透射($T=0$),则样品的声吸收率 $\alpha = 1 - |r|^2$。

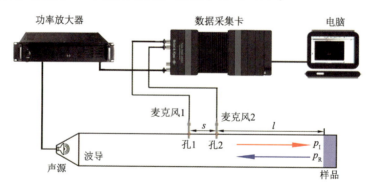

图 3.3　实验测量装置示意图

3.1.4　模式分析

图 3.4 显示数值模拟多腔单元本征模式的声压幅值场与相位场分布,可以看出,单元存在两种类型本征模式,具有典型的单极米氏共振模式特征,分别被定义为单极模式和第二类单极模式。单极模式的本征频率为 238.4 Hz,声能量主要集中在单元四周的 4 个空腔中(图 3.4a),相位场表现出同相特征(图 3.4c)。第二类单极模式的本征频率为 1145.4 Hz,声能量主要集中在单元中心的方形腔中(图 3.4b),且中心腔与四周腔呈反相特征(图 3.4d)。此外,所设计的单元还存在偶极与四极本征模式,相应的声压幅值场和相位场分布如图 3.5。因此,所设计的多腔单元具有丰富的米氏共振模式特征。

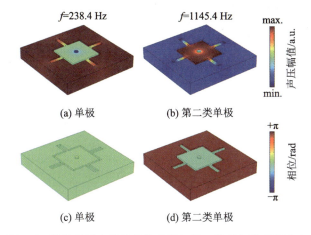

图 3.4　数值模拟多腔单元的单极与第二类单极模式场分布

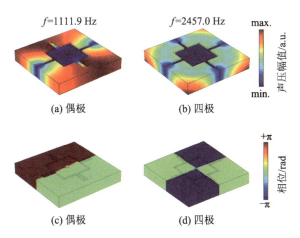

图 3.5　数值模拟多腔单元的偶极与四极模式场分布

3.1.5 吸声性能

图 3.6 显示实验测量装置照片,波导尺寸为 2 m×0.1 m×0.1 m。图 3.7 显示实验测量和数值模拟声波激发单元产生的声吸收谱,可以看到,在声吸收谱的频率 239 Hz 处有一个吸收峰,对应的声吸收率可以达到 0.97,表现出近完美低频吸声效应。此外,单元的吸声带宽约为 31 Hz($\alpha \geqslant 0.5$,图 3.7 中黑色阴影区域),对应的相对带宽(吸声带宽与中心频率比值)约为 12.9%,实验测量与数值模拟结果吻合很好。值得注意的是,单元厚度 h 仅为 16.0 mm(约为工作波长的 1/90),具有深度亚波长特征。

图 3.6 实验测量装置照片

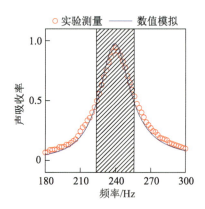

图 3.7 实验测量和数值模拟声波激发单元产生的声吸收谱

3.1.6 物理机制

为了研究单元的吸声机制,理论计算单元表面的相对声阻抗 $Z_r = \dfrac{\langle p \rangle}{Z_0 \langle v_\perp \rangle}$ [115]。式中,$Z_0 = \rho c$ 为空气的声阻抗,p 和 $v_\perp$ 分别为单元表面的总声压和空气速度垂直分量,$\langle \cdot \rangle$ 为表面平均值的运算符。图 3.8 显示单元表面的

相对声阻抗实部 $\mathrm{Re}(Z_r)$ 和虚部 $\mathrm{Im}(Z_r)$,可以看到,在吸收峰频率(239 Hz)处,单元表面的相对声阻抗虚部 $\mathrm{Im}(Z_r)=0$,说明单元的共振模式被激发,实部 $\mathrm{Re}(Z_r)=1.35$,与空气的相对声阻抗接近,说明单元表面与空气之间实现了较好的阻抗匹配,大多数声能量被吸收到单元内部,实现了近完美吸声效应。

图 3.9(a) 和 3.9(b) 分别显示数值模拟频率为 239 Hz 的声波(蓝色箭头)垂直入射激发单元产生的声压幅值场与热黏损耗能量密度场分布。可以看到,单元的声压幅值场分布与单极米氏共振模式(图 3.4a)一致,表明单元的近完美声吸收来自单极米氏共振模式激发。此外,图 3.9(b)中,圆孔周围和 4 条狭窄通道中存在明显的热黏损耗,在圆孔周围尤为明显。根据上述结果可以得到,单元的近完美吸声效应来自单极米氏共振模式激发引起的阻抗匹配,吸收到单元内部的声能量在圆孔周围及 4 条通道中产生热黏损耗,从而实现了声能量耗散。

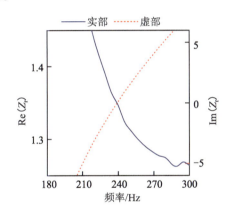

图 3.8　数值模拟单元表面的相对声阻抗 Z_r

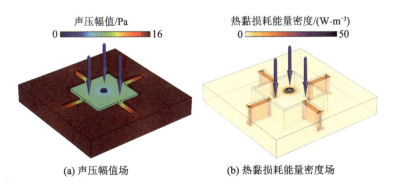

(a) 声压幅值场　　　　　(b) 热黏损耗能量密度场

图 3.9　数值模拟频率为 239 Hz 的声波垂直入射激发单元产生的场分布

图 3.10 显示不同入射角度的声波激发单元产生的声吸收谱,θ 为声波入射方向与单元表面法向的夹角。可以看到,当 $\theta \leqslant 60°$ 时,单元的吸声性能基本没有变化,声吸收谱的峰值始终高于 0.9;当 $\theta = 75°$ 时,单元的吸声性能降低,但峰值仍然可以达到 0.75。因此,所设计的单元对不同入射角度的声波具有很好的鲁棒性。

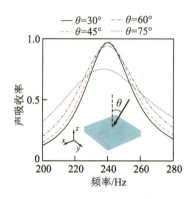

图 3.10 数值模拟不同入射角度的声波激发单元产生的声吸收谱

3.1.7 带宽优化

下面分析单元的参数 b 和 d 对吸声性能的影响。图 3.11(a) 和 3.11(b) 分别显示数值模拟不同参数 b 和 d 对应的单元声吸收谱,其他参数与图 3.7 相同。可以看到,随着参数 b 或 d 的减小,单元的吸声频带向低频区域移动,同时保持着高声吸收率。图 3.11(c) 和 3.11(d) 分别显示图 3.11(a) 和 3.11(b) 对应的实验测量结果,实验测量与数值模拟结果吻合很好。因此,通过调节参数 b 或 d,可以实现单元的工作频带调控。

基于图 3.11 中的结果,设计复合单元 A 和 B,优化结构的吸声带宽。如图 3.12(a) 和 3.12(b) 中的插图,复合单元 A 和 B 由 4 个不同参数 d 的单元构成(2×2 阵列),其中单元 Ⅰ、Ⅱ 和 Ⅲ 的参数 d 分别为 8.0 mm、10.0 mm 和 12.0 mm,其他参数相同。实验测量和数值模拟复合单元 A 和 B 的吸声性能,实验测量装置照片如图 3.13。图 3.12(a) 和 3.12(b) 分别显示实验测量和数值模拟声波激发复合单元 A 和 B 产生的声吸收谱。可以看到,复合单元 A 由两种单元(单元 Ⅰ 和 Ⅱ)组成,工作频带为 266 Hz ~ 313.5 Hz(黑色阴影区域),相对带宽为 16.4%,与图 3.7 相比,声吸收谱的峰值略微下降,但不同单元之间的耦合使得吸收谱的峰变得宽平。复合单元 B 由三种单元(单元 Ⅰ、

Ⅱ和Ⅲ)组成,通过引入单元Ⅲ,复合单元的工作频带得到进一步拓宽(黑色阴影区域,266 Hz~321 Hz),相对带宽可以达到18.7%,表现出较好的宽带吸声性能,实验测量与数值模拟结果一致。因此,通过对多个不同参数的单元进行组合,可以进一步优化复合单元的吸声带宽。

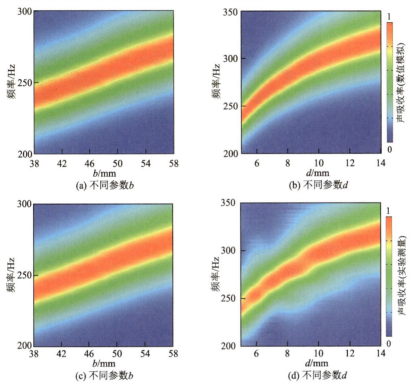

图 3.11　实验测量与数值模拟声波激发不同参数 *b* 和 *d* 的单元产生的声吸收谱

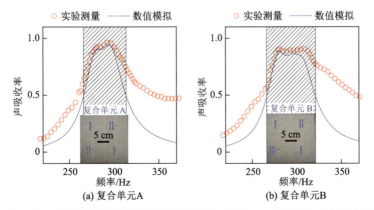

图 3.12　实验测量和数值模拟声波激发复合单元 A 和 B 产生的声吸收谱

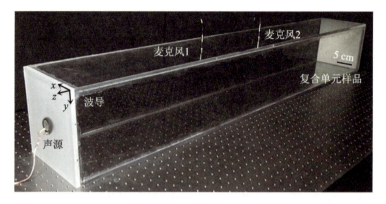

图 3.13 实验测量装置照片

3.2 基于双通道共振单元的超薄低频消声墙

3.2.1 单元结构

图 3.14 显示所设计的深度亚波长消声墙结构[161]，消声墙由墙壁与周期排列的双通道共振单元组成，相邻单元及单元与墙壁的间距分别为 D 和 d，如图 3.14(b)。图 3.15(a) 显示双通道共振单元截面，其长度为 a，由中心方形空腔与环绕四周的两条相同的空气通道组成，通道宽度为 t，结构壁厚为 e，中心空腔中两个通道端口的间距为 b。基于 3D 打印技术，采用环氧树脂打印制备单元样品，样品照片如图 3.15(b)。

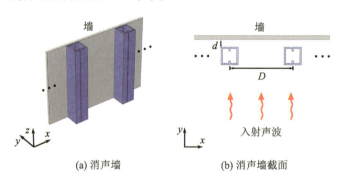

(a) 消声墙　　　　　　　(b) 消声墙截面

图 3.14 消声墙结构

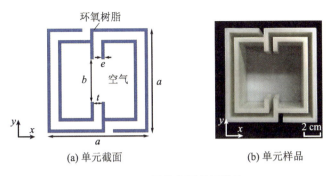

(a) 单元截面　　　　　　　　　(b) 单元样品

图 3.15　双通道共振单元结构

3.2.2　数值模型

数值模型设置见 3.1.2 节,所设计的单元结构参数见表 3.3。

表 3.3　单元结构参数

D/cm	d/mm	a/cm	e/mm	t/mm	b/mm
40.0	5.0	10.0	3.0	4.0	8.0

3.2.3　吸声性能

图 3.16 显示实验测量装置示意图,波导尺寸为 1.5 m×0.4 m×0.06 m。实验测量单元的声吸收谱,并与对应的数值模拟结果进行比较,如图 3.17。可以看到,在频率 141 Hz 处出现了声吸收峰,对应的声吸收率可达 0.99,表现出近完美低频吸声特性。此外,在频带 134.6 Hz~147.4 Hz(黑色阴影区域)中,声吸收率均超过 0.5,对应的相对带宽为 9.1%,实验测量和数值模拟结果吻合很好。此外,单元厚度为 10.0 cm,约为工作波长的 1/23,具有深度亚波长特征。

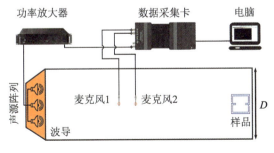

图 3.16　实验测量装置示意图

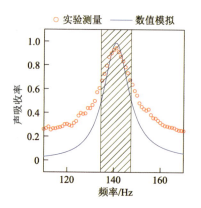

图 3.17　实验测量与数值模拟声波激发单元产生的声吸收谱

3.2.4　物理机制

为了表征单元的吸声机制,理论计算单元表面的相对声阻抗 Z_r。图 3.18 显示单元表面的相对声阻抗实部 $Re(Z_r)$ 和虚部 $Im(Z_r)$,可以看到,相对声阻抗的实部和虚部在声吸收峰(141 Hz)处分别为 1.1 和 0,与完美吸声条件 $Re(Z_r)=1$ 和 $Im(Z_r)=0$ 接近,表明单元的共振模式被激发,单元表面和空气之间实现了很好的阻抗匹配,入射声能量几乎被单元吸收,从而实现了近完美吸声效应。

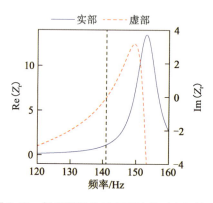

图 3.18　数值模拟单元表面的相对声阻抗 Z_r

图 3.19 显示数值模拟频率为 141 Hz 的声波(红色箭头)垂直激发单元产生的声压幅值场、空气速度场和热黏损耗能量密度场分布。可以看到,吸收到单元内部的声能量集中在中心空腔中(图 3.19a),在通道的内外两侧形成明显的压力差,从而导致通道中的空气以较快的速度流动(图 3.19b),并与通

道壁之间产生了较强的黏性摩擦,因此,所吸收的声能量发生了黏性损耗(图 3.19c)。基于上述分析,可以得到单元的近完美声吸收效应来自单元共振模式激发引起的声阻抗匹配,声能量被吸收到单元内部,并在通道中产生热黏损耗,实现声能量耗散。

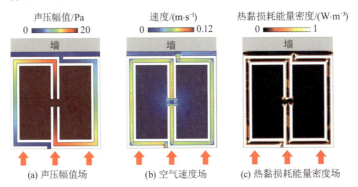

(a) 声压幅值场　　　　(b) 空气速度场　　　　(c) 热黏损耗能量密度场

图 3.19　数值模拟频率为 141 Hz 的声波垂直激发单元产生的场分布

3.2.5　参数分析

下面讨论声波的入射角度 θ 及相邻单元间距 D 对单元吸声性能的影响。图 3.20 显示不同入射角度的声波激发单元产生的声吸收谱。可以看到,随着入射角度增大,声吸收峰逐渐向高频区域移动,同时峰值始终高于 0.9,从而表明所设计的单元对声波入射角度具有很好的鲁棒性。图 3.21 显示单元声吸收率的峰值和体积填充率(单元长度与相邻单元间距的比值)与参数 D 的关系曲线。可以看到,在黑色阴影区域(19.3 cm~66.0 cm),吸收率的峰值高于 0.9,当 $D=66.0$ cm 时,单元体积填充率可以降低至 15.1%,从而表明所设计的单元可以在大空间范围实现高效的声能量吸收。

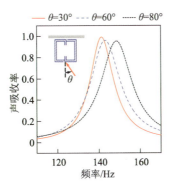

图 3.20　数值模拟不同入射角度的声波激发单元产生的声吸收谱

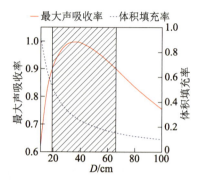

图 3.21　数值模拟声吸收率峰值和体积填充率与参数 D 的关系曲线

为了研究单元和墙壁间距 d 对单元吸声性能的影响，设计不同参数 d 对应的消声墙结构，如图 3.22，其中单元与墙壁间距从左向右依次为 d_1、d_2 与 d_3。图 3.23 显示数值模拟消声墙对应的声吸收谱，可以看到，当单元与墙壁间距分别设置为 $d_1 = d_2 = d_3 = 3.0$ mm，$d_1 = d_2 = d_3 = 5.0$ mm，$d_1 = d_2 = d_3 = 7.0$ mm 以及 $d_1 = 3.0$ mm，$d_2 = 5.0$ mm，$d_3 = 7.0$ mm，消声墙的吸声性能基本没有变化，从而表明所设计的消声墙对单元位置偏移具有很好的鲁棒性。

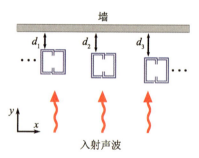

图 3.22　不同参数 d 对应的消声墙结构示意图

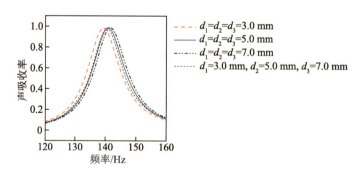

图 3.23　数值模拟声波激发不同参数 d 组合对应的消声墙产生的声吸收谱

3.2.6　带宽优化

为了优化单元的吸声带宽,研究单元的参数 b 和 t 对吸声性能的影响。图 3.24(a)和 3.24(b)分别显示数值模拟不同参数 b 和 t 对应的单元声吸收谱,其他参数与图 3.17 相同。可以看到,随着参数 b 或 t 的增大,单元的工作频带逐渐向高频区域移动,同时保持高性能吸声效应。因此,通过调节参数 b 或 t,可以实现单元吸声频带的调控。

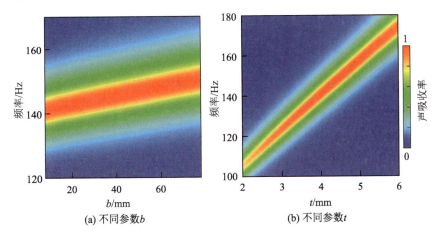

(a) 不同参数 b　　　　　　　　　(b) 不同参数 t

图 3.24　数值模拟声波激发不同参数 b 或 t 对应的单元产生的声吸收谱

基于图 3.24 的结果设计复合单元,进一步优化消声墙结构的吸声带宽。图 3.25 显示基于复合单元的宽带消声墙结构示意图,宽带消声墙由复合单元在墙壁前周期排列而成,每个复合单元包含 6 个具有不同参数 b 和 t 的双通道共振单元,其中相邻单元间距 $w=16$ mm,从左到右 6 个单元的参数 b 依次为 66.0 mm、8.0 mm、29.0 mm、8.0 mm、17.0 mm 和 70.0 mm,参数 t 依次为 3.0 mm、4.0 mm、4.5 mm、5.5 mm 和 6.0 mm,其他条件与图 3.17 相同。实验测量复合单元的声吸收谱,并与对应的模拟结果进行比较,如图 3.26(a),在频带 116.5 Hz~174.8 Hz(黑色阴影区域)中,声吸收率高于 0.5,相对带宽可以达到 40%,平均声吸收率为 0.86,表现出宽带吸声效应,实验测量与数值模拟结果吻合很好。值得注意的是,复合单元厚度与图 3.14(b)相同。

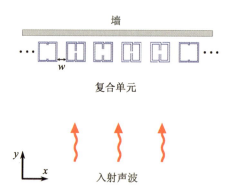

图 3.25　基于复合单元的宽带消声墙结构示意图

为了解释其物理机制,理论计算复合单元表面相对声阻抗 Z_r。图 3.26(b) 显示理论计算的复合单元表面相对声阻抗实部 $Re(Z_r)$ 和虚部 $Im(Z_r)$,可以看到,在频带 116.5 Hz~174.8 Hz(黑色阴影区域)中,相对声阻抗的实部和虚部呈现出波动变化,平均值分别为 1.3 和 -0.2,从而表明,复合单元与空气实现了很好的阻抗匹配,大多数声能量被复合单元吸收。因此,组合多个不同结构参数的单元,可以在厚度不变的情况下,实现宽带吸声效应。

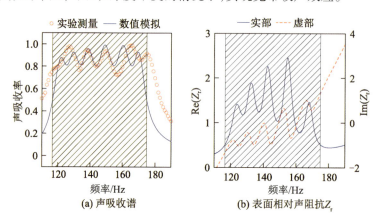

(a) 声吸收谱

(b) 表面相对声阻抗 Z_r

图 3.26　实验测量与数值模拟声波激发复合单元产生的声吸收谱及表面相对声阻抗 Z_r

3.2.7　宽带消声室

基于图 3.25 中的复合单元设计宽带超薄消声室如图 3.27,消声室由 36 组复合单元在墙壁前周期排列而成,尺寸为 6.5 m×6.5 m,柱面声源放置在中心 O 点。

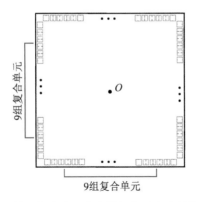

图 3.27　基于复合单元的宽带超薄消声室结构示意图

图 3.28 显示数值模拟柱面声源激发消声室产生的声吸收谱,可以看到,在频带 117 Hz~172.3 Hz(黑色阴影区域)中,声吸收率均高于 0.5,对应的相对带宽与平均声吸收率分别为 38.2% 和 0.82,表现出典型的低频宽带吸声效应。为了进一步表征消声室的吸声性能,数值模拟频率为 149 Hz 和 161 Hz(分别对应图 3.28 中的 A 点和 B 点)的柱面声源激发消声室产生的总声压场分布(图 3.29)及其对应的反射声能量密度场分布(图 3.30),图中白色圆点表示声源。可以看到,两个频率对应的消声室总声压场分布与自由空间中的声压场分布相似,且对应的反射声能量密度场非常微弱,表明所有方向的声能量基本被吸收,消声室具有全方位吸声效应。

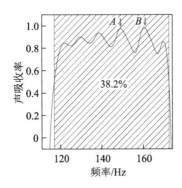

图 3.28　数值模拟柱面声源激发消声室产生的声吸收谱

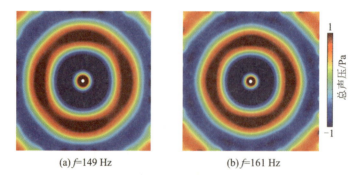

(a) f=149 Hz　　　　　　　　(b) f=161 Hz

图 3.29　数值模拟柱面声源激发消声室产生的总声压场分布

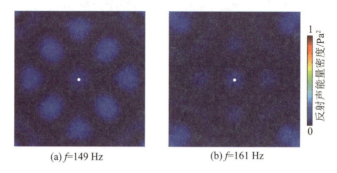

(a) f=149 Hz　　　　　　　　(b) f=161 Hz

图 3.30　数值模拟柱面声源激发消声室产生的反射声能量密度

（$|p_r|^2$，p_r 为反射声压）场分布

　　图 3.31 显示基于尖劈形传统吸音棉的消声室平面结构示意图，总尺寸为 9 m×9 m，中心区域（虚线方形区域）尺寸为 6.4 m×6.4 m，与图 3.27 所示基于复合单元的消声室相近，墙壁使用尖劈形吸音棉，单个劈尖底部宽 0.4 m，厚度为 1.3 m，材料为三聚氰胺海绵，柱面声源放置在中心 O 点。

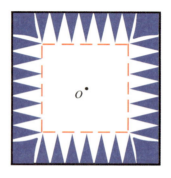

图 3.31　基于尖劈形传统吸音棉的消声室平面结构示意图

基于 Johnson-Champoux-Allard（JCA）模型[106]研究吸音棉吸声性能，将吸音棉看作均匀等效流体，其等效密度 ρ_e 和等效体积模量 E_e 分别表示为[106]

$$\rho_e = \frac{\rho_0 \alpha_\infty}{\phi}\left[1+\mathrm{i}\frac{\omega_v}{\omega}\sqrt{1-\mathrm{i}\mu\rho_0\omega\left(\frac{2\alpha_\infty}{\sigma\phi\varLambda}\right)^2}\right] \tag{3.5}$$

$$E_e = \frac{\gamma P_0}{\phi\left\{\gamma-(\gamma-1)\left[1+\left(\dfrac{\mathrm{i}\omega'_C}{Pr\omega}\right)\sqrt{1-\mathrm{i}\mu\rho_0\omega\left(\dfrac{2\alpha_\infty}{\sigma'\phi\varLambda'}\right)^2}\right]^{-1}\right\}} \tag{3.6}$$

式中，$\omega_v = \dfrac{\sigma\phi}{\rho_0\alpha_\infty}$，$\omega'_C = \dfrac{\sigma'\phi}{\rho_0\alpha_\infty}$，$\sigma' = \dfrac{8\alpha_\infty\mu}{\phi\varLambda'}$，其中 $Pr,\phi,\alpha_\infty,\sigma,\varLambda$ 及 $\varLambda'$ 分别为普朗特数、孔隙率、曲折因子、流阻率、黏滞特征长度及热特征长度。数值模拟采用的吸音棉材料参数见表 3.4。

表 3.4　吸音棉材料参数

ϕ	α_∞	$\varLambda/\mu m$	$\varLambda'/\mu m$	$\sigma/(\mathrm{N}\cdot\mathrm{s}\cdot\mathrm{m}^{-4})$
0.95	1.42	180	360	7800

数值模拟频率为 149 Hz 和 161 Hz 的柱面声源激发消声室产生的总声压场分布（图 3.32），图中白色圆点代表声源。可以看到，总声压场特征与图 3.29 基本相同，从而表明基于复合单元的宽带消声室与基于尖劈形传统吸音棉的消声室具有相似的吸声性能。然而，复合单元总厚度（复合单元表面至墙面的距离）为 10.5 cm，仅为吸音棉厚度的 1/13，表现出超薄结构特性，减小了消声室墙壁空间占用率。

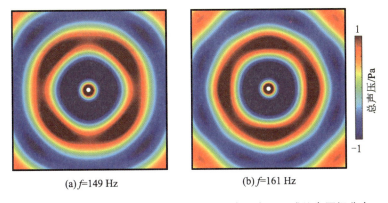

(a) f=149 Hz　　　　　　(b) f=161 Hz

图 3.32　数值模拟基于尖劈形吸音棉的消声室中心区域总声压场分布

3.3 基于嵌入式多腔共振单元的双频带低频平面消声墙

3.3.1 单元设计

图 3.33(a)为超薄平面消声墙示意图[162]，消声墙由宽度为 D 的单元周期性排列而成，单元截面如图 3.33(b)。可以看出，每个单元由嵌入槽状平板结构中、间距为 a 的两个多腔谐振器(分别标记为 I 和 II)组成。多腔谐振器由中心圆形腔与 8 个相互环绕连通的相同尺寸扇形腔组成，扇形腔被 4 条宽度为 w 的通道对称分隔，其中壁厚为 t，扇形腔开口宽度与半径分别为 b 和 d，谐振器内、外半径分别为 r 和 R，谐振器与槽状平板结构下侧、左侧及上侧表面的间距分别为 l_1、l_2 和 l_3。多腔谐振器 I 与 II 的参数 d 及 r 大小不同(分别标记为 d_1、r_1 和 d_2、r_2)，其他参数相同。基于 3D 打印技术，采用环氧树脂材料制备单元样品，单元样品照片如图 3.33(c)。

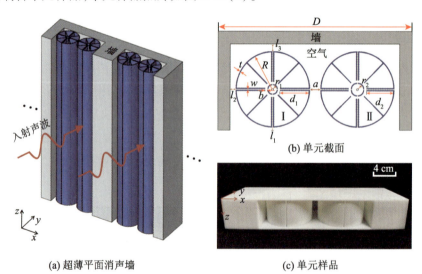

(a) 超薄平面消声墙　　　　(b) 单元截面

(c) 单元样品

图 3.33　嵌入式超薄平面消声墙与多腔共振单元

3.3.2 数值模型

数值模型设置见 3.1.2 节，所设计的单元结构参数见表 3.5。

表 3.5　单元结构参数

R/cm	r_1/mm	r_2/mm	d_1/mm	d_2/mm	t/mm	b/mm
5.0	5.0	7.0	38.8	36.8	1.6	3.0
w/mm	a/mm	l_1/mm	l_2/mm	l_3/mm	D/cm	
1.0	4.0	1.0	2.0	3.0	31.0	

3.3.3　吸声性能

图 3.34 显示实验测量装置示意图,波导尺寸为 2 m×0.33 m×0.06 m。图 3.35 显示实验测量的样品声吸收谱,并与相应的数值模拟结果进行比较,其中样品参数与图 3.33(b)相同。可以看出,单元的声吸收谱在频率 170 Hz 和 518 Hz 左右存在两个峰,对应的声吸收率分别可以达到 0.99 和 0.98,显示出低频双频带吸声效应。在两个阴影区域 145 Hz~203 Hz 和 490 Hz~544 Hz(分别标记为频带Ⅰ和Ⅱ),声吸收率均大于 0.5,对应的相对带宽分别达到 34.1% 和 10.4%。实验测量与数值模拟结果吻合很好。此外,单元厚度为 104 mm,约为 $\lambda/19$,说明单元具有超薄特征。

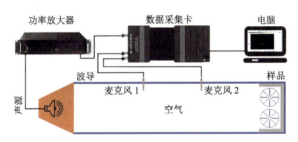

图 3.34　实验测量装置示意图

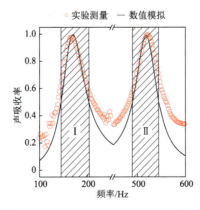

图 3.35　实验测量与数值模拟声波激发单元产生的声吸收谱

3.3.4　物理机制

为了分析平面消声墙的吸声机理,数值模拟单元结构在频率 170 Hz 和 518 Hz 左右的本征模式。如图 3.36(a),单元结构分别在频率 163 Hz、182 Hz 及 517 Hz 存在着本征模式,可以看出,频率 163 Hz 与 182 Hz 的本征模式特征基本相同,声能量大部分集中在谐振器的空腔内部,表明上述两个本征模式与两个多腔谐振器的共振耦合相关。对于频率 517 Hz 的本征模式,声能量主要集中在谐振器与槽状平板之间的区域,谐振器的空腔几乎没有声能量,因此与频率 163 Hz 和 182 Hz 的本征模式不同,频率 517 Hz 的本征模式由两个多腔谐振器与槽状平板结构之间的共振耦合引起。图 3.36(b)为频率 170 Hz 和 518 Hz 的声波垂直激发单元产生的声压幅值场分布。可以看出,频率 170 Hz 的声波垂直激发单元产生的声压幅值场分布与频率 163 Hz 和 182 Hz 的本征模式场分布特征相同,而频率 518 Hz 的声波垂直激发单元产生的声压幅值场分布与频率 517 Hz 的本征模式场分布特征相同。因此,可以得到频带 I 的吸声效应来自两个多腔谐振器的共振耦合,而频带 II 来自谐振器与槽状平板结构之间的共振耦合。

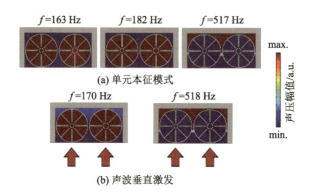

(a) 单元本征模式

(b) 声波垂直激发

图 3.36　数值模拟单元本征模式场分布及声波垂直激发单元产生的声压幅值场分布

下面讨论声波入射角度对单元吸声性能的影响。图 3.37(a)和 3.37(b)分别显示不同入射角度 θ 的声波激发单元产生的频带 I 和 II 中的声吸收谱,其中 θ 为声波入射方向与单元表面法线之间的夹角(图 3.37a 中的插图)。可以看到,随着 θ 增大,频带 I 的峰值频率几乎不变(图 3.37a),而频带 II 的峰值频率向高频区域略微平移(图 3.37b)。此外,各峰值频率对应的声吸收率均大于 0.9,表明所设计的单元对大角度斜入射的声波可以保持良好的吸声性能,为构建全方位双频带消声室提供了可行性。

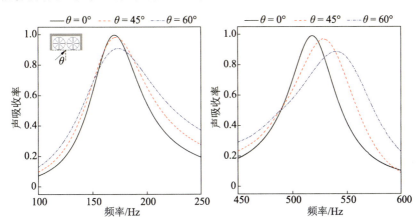

图 3.37　数值模拟不同入射角度的声波激发单元产生的声吸收谱

3.3.5　双频带消声室

基于图 3.33 中的单元设计双频带超薄消声室如图 3.38,消声室由 40 个单元周期性排列而成,尺寸为 3.41 m×3.41 m,柱面声源放置在中心 O 点。图 3.39(a)和 3.39(b)分别显示数值模拟柱面声源 O 激发消声室产生的频带 Ⅰ 与 Ⅱ 中的声吸收谱。可以看出,在频带 Ⅰ 与 Ⅱ 中,消声室的声吸收谱均存在着吸收峰,声吸收率峰值分别为 0.98(173 Hz)和 0.96(519 Hz)。此外,在频带 149 Hz~194 Hz(频带 Ⅰ 阴影区域)和 490 Hz~543 Hz(频带 Ⅱ 阴影区域)中,声吸收率均大于 0.5,对应的相对带宽分别可以达到 26.0% 和 10.2%,显示出双频带全方位低频吸声效应。

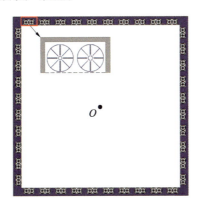

图 3.38　双频带消声室结构示意图

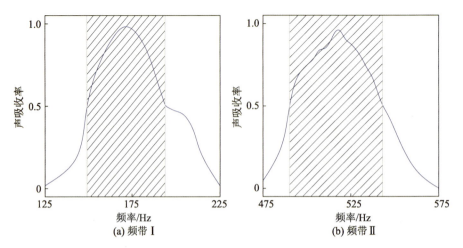

(a) 频带 I　　　　　　　　　　(b) 频带 II

图3.39　数值模拟柱面声源激发消声室产生的声吸收谱

为了进一步研究消声室性能,数值模拟频率 173 Hz 和 519 Hz 的柱面声源激发消声室产生的总声压场及其对应的反射声能量密度场分布,如图 3.40 和 3.41,图中白点代表柱面声源位置。可以看出,两种频率的柱面声源在消声室中激发产生的总声压场分布与自由空间中的场分布基本相同(图 3.40a 和 3.40b),且对应的反射声能量密度场非常微弱(图 3.41a 和 3.41b),表明各个方向声能量几乎都被消声室吸收,显示出较强的双频带全方位低频吸声特性。此外,与传统消声室相比,所设计的基于嵌入式单元的消声室可以有效克服吸声尖劈厚度大及空间利用率低等不足。

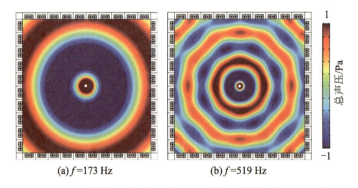

(a) f=173 Hz　　　　　　　　(b) f=519 Hz

图3.40　数值模拟柱面声源激发消声室产生的总声压场分布

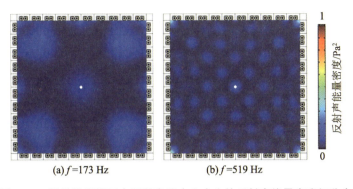

(a) f=173 Hz　　　　　　　(b) f=519 Hz

图 3.41　数值模拟柱面声源激发消声室产生的反射声能量密度场分布

　　为了验证所设计的消声室吸声性能的鲁棒性,将柱面声源位置移动到 O' 点,如图 3.42,其他参数均不变。数值模拟消声室的声吸收谱如图 3.43(a)和 3.43(b),可以看出,在频带 156 Hz~185 Hz(频带 I 阴影区域)和 501 Hz~534 Hz(频带 II 阴影区域)中,声吸收率均大于 0.5,对应的相对带宽分别达到 16.9% 和 6.3%,最大声吸收率分别为 0.97(171 Hz)和 0.96(519 Hz)。数值模拟频率 171 Hz 和 519 Hz 的柱面声源放置在 O' 点激发消声室产生的总声压场及对应的反射声能量密度场分布,如图 3.44 和 3.45。可以看出,所有的场分布特征与图 3.40 和 3.41 基本相同,表明消声室全方位双频带吸声性能具有良好的鲁棒性。

图 3.42　变换声源位置双频带消声室结构示意图

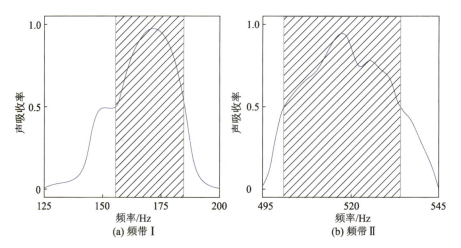

(a) 频带 I
(b) 频带 II

图 3.43　数值模拟柱面声源（O' 点）激发消声室产生的声吸收谱

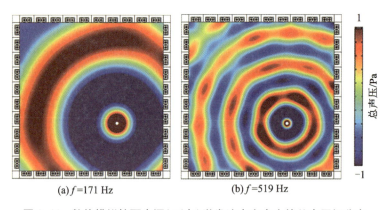

(a) f=171 Hz
(b) f=519 Hz

图 3.44　数值模拟柱面声源（O' 点）激发消声室产生的总声压场分布

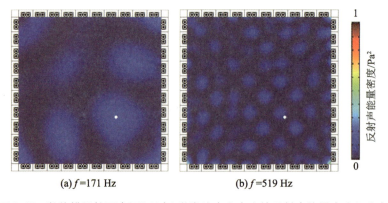

(a) f=171 Hz
(b) f=519 Hz

图 3.45　数值模拟柱面声源（O' 点）激发消声室产生的反射声能量密度场分布

3.4　超薄宽带消声墙在消声泵房中的应用

3.4.1　应急供水多级泵系统

本书以国家重点研发计划项目"山区和边远灾区应急供水与净水一体化装备"(2020YFC1512403)所研发的应急供水多级泵系统为对象,开展基于声学人工结构的泵系统噪声控制研究。

应急供水多级泵主要用于山区和边远灾区应急供水。由于山区和边远灾区的地势起伏较大,多级泵应具有足够的扬程以克服地形带来的压力损失,确保水源可以输送到目标区域。根据灾区人口数量和应急供水需求,多级泵的流量应可以满足人们的基本用水需求。此外,多级泵还应具有较高的水力效率,以减少能源消耗,降低运行成本。基于这些设计要求,应急供水多级泵的主要参数见表 3.6,包括转速、流量 Q、扬程 H、水力效率 η 及必需汽蚀余量 NPSHr。

为了实现便捷运输、高扬程以及适应不同应用场景的需求,考虑重量、效率、汽蚀和可靠性等指标,设计时采用 BB4 型节段式多级泵系统并适当提高泵转速来减小泵体的径向尺寸,以满足较高的扬程需求。其设计级数为14 级,单级比转速为41.65,属于低比转速多级离心泵。BB4 型节段式多级泵系统如图 3.46,其特点是结构简单,可采用全锻件加工加组焊成型,能有效控制流道质量,便于安装与维护。图 3.47 显示应急供水多级泵系统,由重庆水泵厂有限责任公司(下文称"重庆水泵厂")生产制造。

表 3.6　应急供水多级泵的主要参数

$n/(\mathrm{r \cdot min^{-1}})$	$Q/(\mathrm{m^3 \cdot h^{-1}})$	H/m	$\eta/\%$	NPSHr/m
3650	36	1501	53.7	2.75

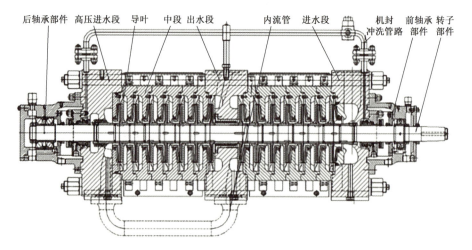

后轴承部件 高压进水段 导叶 中段 出水段 内流管 进水段 机封 前轴承 转子
冲洗管路 部件 部件

图 3.46　BB4 型节段式多级泵系统示意图

图 3.47　应急供水多级泵系统

所设计的应急供水多级泵系统采用柴油机匹配离合增速箱驱动,柴油机采用中国石油集团济柴动力有限公司生产的 JC15G1 型(图 3.48),额定功率为 457 kW,调速为 600~1500 r/min;离合增速箱采用杭州前进齿轮箱集团股份有限公司生产的 HBZ240 型集成液压湿式多片摩擦离合器(图 3.49),输出转速为 3650 r/min,确定增速比为 2.53。泵系统工作噪声大,考虑到山区和边远灾区生态脆弱,强烈的噪声会对当地生态环境造成不良影响,因此要求所设计的装备生态友好。此外,应急状态下较大的噪声易对救援人员的身心健康造成危害,因此需要对泵系统的工作噪声进行有效控制。

图 3.48　JC15G1 型柴油机　　　　　图 3.49　HBZ240 型离合增速箱

在重庆水泵厂组装车间现场采集应急供水多级泵系统的工作噪声,并测量了其相对强度频谱,如图 3.50,可以看到,泵系统噪声主要分布在频带 1300 Hz~2100 Hz 中,噪声相对强度峰值出现在 1480 Hz 处。

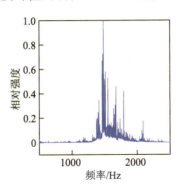

图 3.50　实验测量泵系统工作噪声的相对强度频谱

3.4.2　宽带消声墙

针对实验测量的泵系统工作噪声频带设计宽带消声墙。图 3.51 显示所设计的消声墙结构示意图,该消声墙由复合单元在墙壁前周期排列而成,复合单元与墙壁间距 d 为 2.0 mm,相邻复合单元间距 D 为 7.5 cm,每个复合单元由 5 个具有不同参数的单元构成,排列成双层结构,其中相邻单元间距 w 为 1.0 cm,两层单元间距 h 为 1.0 cm。单元采用 3.2.1 节所设计的双通道共振单元结构,通过缩小单元尺寸来提高工作频带,以满足泵系统工作噪声频带要求,单元结构参数见表 3.7。

表 3.7   单元结构参数

单元编号	a/cm	e/mm	t/mm	b/mm
单元 1	1.5	1.0	1.0	7.0
单元 2	1.5	1.0	0.9	6.8
单元 3	1.5	1.0	1.1	7.2
单元 4	1.5	1.0	1.2	7.4
单元 5	1.5	1.0	1.3	7.6

图 3.52 显示数值模拟声波激发复合单元产生的声吸收谱。可以看到,在频带 1292 Hz~2069 Hz(黑色阴影区域)中,声吸收率均高于 0.5,相对带宽可以达到 46.2%,平均声吸收率为 0.87,表现出宽带吸声效应。其工作频带可以覆盖泵系统的噪声频带。此外,复合单元总厚度仅为 42 mm,具有超薄结构特征。

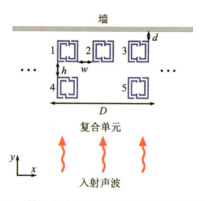

图 3.51   基于复合单元的宽带消声墙结构示意图

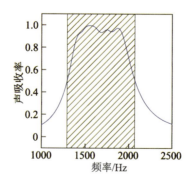

图 3.52   数值模拟声波激发复合单元产生的声吸收谱

3.4.3　宽带消声泵房

针对应急供水多级泵系统,设计基于图 3.51 复合单元的宽带消声泵房,图 3.53 显示所设计的消声泵房结构示意图,黑色圆点表示周期性排列的复合单元。消声泵房的平面尺寸为 5.5 m×5.5 m,由 288 组复合单元在泵房墙壁前周期性排列而成,多级泵安装在泵房中心。考虑泵系统的工作噪声产生于多个位置,因此,基于 4 个柱面声源组成的声源阵列模拟噪声源。图 3.54 显示数值模拟的消声泵房结构声吸收谱,可以看到,在频带 1355 Hz~2090 Hz(黑色阴影区域)中,声吸收率均高于 0.5,吸声相对带宽可以达到 42.7%,平均声吸收率为 0.86,表现出宽带吸声效应,其工作频带可以完全覆盖泵系统的噪声频带。

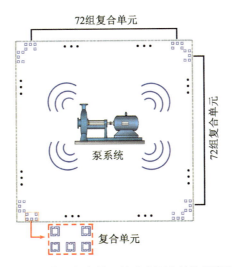

图 3.53　基于复合单元的消声泵房结构示意图

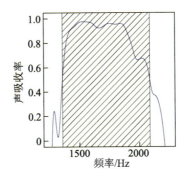

图 3.54　数值模拟声波激发消声泵房产生的声吸收谱

为了进一步展示消声泵房的吸声性能,数值模拟频率1480 Hz(泵系统噪声相对强度峰值)和1790 Hz(泵系统噪声相对强度次峰值)的声波激发消声泵房产生的总声压场分布(图3.55)及其对应的反射声能量密度场分布(图3.56),白色圆点为声源。可以看到,两种情况下消声泵房的总声压场分布与自由空间中的结果(图3.57)相似,反射声能量密度场均非常微弱,表明所有方向的噪声均被消声泵房吸收。因此,所设计的消声泵房具有全方位宽带消声效应,能够有效吸收泵系统的工作噪声。

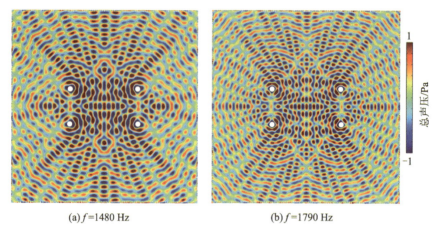

(a) f=1480 Hz (b) f=1790 Hz

图3.55 数值模拟声波激发消声泵房产生的总声压场分布

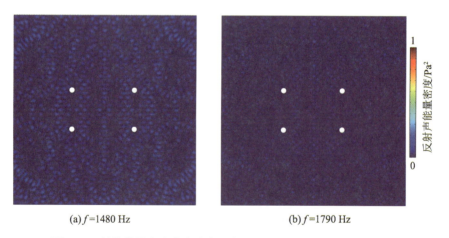

(a) f=1480 Hz (b) f=1790 Hz

图3.56 数值模拟声波激发消声泵房产生的反射声能量密度场分布

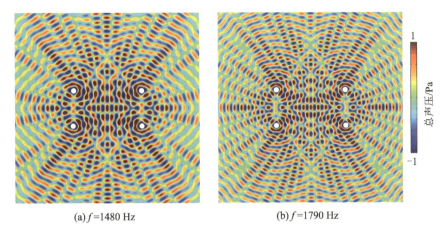

(a) f=1480 Hz　　　　　　　　　(b) f=1790 Hz

图 3.57　数值模拟声波在自由空间激发产生的总声压场分布

第4章　通风宽带隔声结构设计及其在通风隔声泵房中的应用

  泵系统是一种重要的机械工程设备,广泛应用于工业生产、建筑物供给水、农业灌溉及防洪排涝等国家现代化建设中。然而,泵系统运行时会产生高强度低频噪声,对环境造成严重的噪声污染。为了有效降低噪声对环境的影响,在城市生活与工业生产区域,一般将泵系统及其辅助设备安装在封闭泵房中,封闭的墙壁可以有效隔断噪声传播,但同时也会导致设备运行产生的热量无法有效扩散,从而严重影响设备的工作效率与使用寿命。因此,设计通风隔声结构[86, 88-92, 100, 107, 111, 128, 130, 132]并应用到泵房墙壁设计中,不仅可以有效阻隔泵系统的噪声传播,还可以提升泵房的通风散热性,从而降低环境污染,提高设备工作效率。基于声学人工结构设计制备通风隔声结构已成为当前环境声学和机械工程领域亟须解决的问题。

  本章针对密闭隔声泵房阻碍空气和热量等媒介与外界交换的问题,提出四种类型通风隔声与消声结构。首先,提出一种反对称排列的谐振腔隔声单元,基于本征模式分析了单元的隔声机制,在此基础上,通过周期性排列多层单元设计制备了宽带通风隔声屏障,并探索其在通风宽带隔声室中的应用。其次,提出一种反向排列谐振腔结构的可调控隔声单元,设计制备了通风隔声屏障,通过移动谐振腔中的抽屉型结构调控单元的谐振频率,进而实现通风屏障的隔声频带调控。此外,提出一种多腔共振单元,设计制备了通风隔声屏障,结合本征模式分析单元的隔声机制,并利用多层屏障实现了超宽带通风隔声效应。最后,提出一种蜷曲通道共振单元,设计制备了双层周期性排列的宽带通风隔声屏障,结合单元的能带结构和本征模式分析了隔声机制,在此基础上设计制备了一种多层通风屏障,实现了超宽带隔声效应,并探索其在泵系统通风隔声屏障中的应用。

4.1　基于反对称亥姆霍兹共振单元的通风隔声屏障

4.1.1　单元结构

图 4.1 为所设计的通风隔声屏障结构示意图[163]，屏障由单层周期排列的单元组成，单元间距为 H。图 4.1(b) 显示了单元截面，该单元由两个反对称亥姆霍兹谐振器组成，谐振器边长为 a，中心是方形空气腔，四周环绕宽度为 w 的通道，结构壁厚为 e。基于 3D 打印技术，采用环氧树脂打印制备单元，单元样品照片如图 4.1(c)。

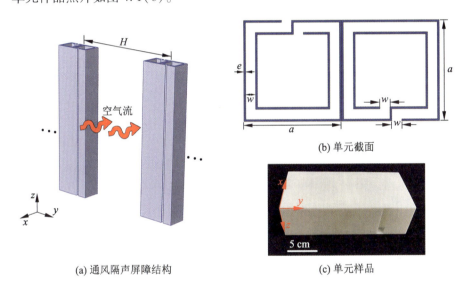

(b) 单元截面

(a) 通风隔声屏障结构　　　　(c) 单元样品

图 4.1　通风隔声屏障结构与单元

4.1.2　数值模型

数值模型设置见 3.1.2 节，所设计的单元结构参数见表 4.1。

表 4.1　单元结构参数

H/cm	a/cm	e/mm	w/cm
40.0	10.0	2.0	1.0

4.1.3　隔声性能

图 4.2(a) 显示数值模拟通风隔声屏障隔声性能的示意图，声波垂直入射

激发屏障。数值模拟隔声屏障声透射谱(红色实线)和声反射谱(蓝色虚线)如图 4.3,在频带 119.9 Hz ~ 122.8 Hz(黑色阴影区域)中,声透射率均低于 0.2,最小值出现在频率 121.5 Hz 处,约为 0.06,表现出低频隔声效应。此外,频率 121.5 Hz 对应的声反射率为 0.26,表明大部分声能量被隔声屏障吸收,只有少量声能量被反射。理论计算隔声屏障的声透射谱和声反射谱,声波从屏障一侧入射可分解为对称入射和反对称入射叠加[112, 128],如图 4.2(b),对应的声反射系数分别表示为 $r_s = r + t$ 和 $r_a = r - t$,由此可得屏障的声透射系数 $t = (r_s - r_a)/2$,声反射系数 $r = (r_s + r_a)/2$。图 4.3 显示理论计算屏障的声透射谱(红色空心圆)和声反射谱(蓝色空心圆),并与对应的数值模拟结果进行比较,可以看到,理论计算与数值模拟结果完全一致。值得注意的是,屏障厚度为 100 mm,约为工作波长的 1/28,且相邻单元间距 H 为单元宽度 $2a$ 的 2 倍,表明所设计的隔声屏障具有深度亚波长厚度及良好通风特性。

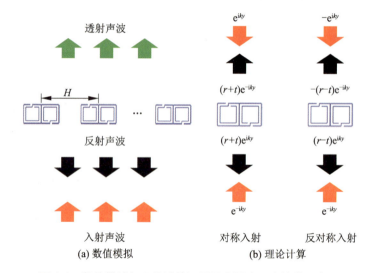

图 4.2　数值模拟与理论计算通风隔声屏障隔声性能示意图

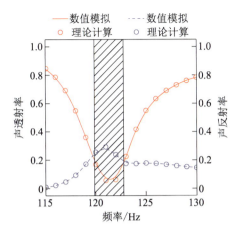

图 4.3　数值模拟与理论计算声波激发隔声屏障产生的声透射谱和声反射谱

4.1.4　物理机制

下面对单元的隔声物理机制进行研究,图 4.4 显示数值模拟单个谐振器与共振单元在频率 121.5 Hz 左右本征模式的声压场与相位场分布。可以看到,单个谐振器只存在频率 121.9 Hz 的本征模式(图 4.4a),而共振单元存在两种类型本征模式,根据其模式特征分别标注为对称和反对称本征模式,对应的频率分别为 120.3 Hz 和 122.4 Hz,分别如图 4.4(b)和图 4.4(c),其中对称本征模式中的两个亥姆霍兹谐振器的声压场和相位场分布与单个谐振器本征模式(图 4.4a)相同,而反对称本征模式对应的两个谐振器的相位场具有反相特征。因此,共振单元的对称和反对称模式由两个谐振器的反对称组合产生。

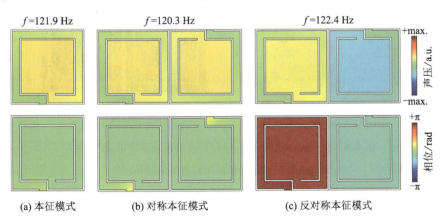

(a) 本征模式　　　　(b) 对称本征模式　　　　(c) 反对称本征模式

图 4.4　数值模拟单个谐振器与共振单元的本征模式声压场与相位场分布

图 4.5 显示数值模拟频率 121.5 Hz 的声波垂直激发单元产生的声压场与相位场分布。可以看到,单元声压场分布与反对称模式几乎相同,但两个谐振器的相位场在对称模式和反对称模式之间,表明频率 121.5 Hz 的激发模式由单元的对称模式和反对称模式相互耦合形成。图 4.6 显示数值模拟频率 121.5 Hz 的声波垂直激发单元产生的空气速度场和热黏损耗能量密度场分布。可以看到,单元右侧谐振器通道中的空气速度明显高于左侧谐振器,对应的热黏损耗能量密度分布基本相同,这主要是由于大部分入射声能量被单元吸收,并集中分布在两个谐振器的中心空腔,而右侧谐振器的中心空腔集中了更多的声能量,从而导致通道两侧产生了更大的压力差(图 4.5a)和较快的空气流动速度(图 4.6a),进而产生较强的热黏损耗(图 4.6b)。因此,屏障的隔声效应来自单元的对称模式和反对称模式耦合,一部分声能量被反射,另一部分声能量被单元吸收,并在单元通道中产生热黏损耗,实现声能量耗散。

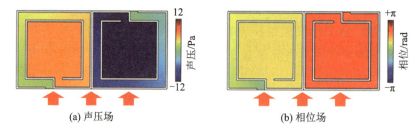

(a) 声压场　　　　　　　　　　(b) 相位场

图 4.5　数值模拟频率 121.5 Hz 的声波垂直激发单元产生的声压场与相位场分布

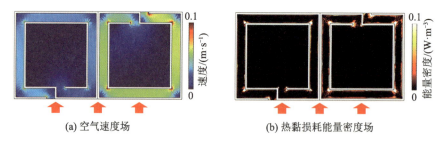

(a) 空气速度场　　　　　　　　(b) 热黏损耗能量密度场

图 4.6　数值模拟频率 121.5 Hz 的声波垂直激发单元产生的
空气速度场和热黏损耗能量密度场分布

4.1.5　通风性能

隔声屏障的通风性能取决于相邻单元间距 H,图 4.7 显示数值模拟隔声屏障最小声透射率与参数 H 的关系曲线,其他参数与图 4.3 相同。可以看到,在单元间距范围 25.0 cm~57.0 cm(黑色阴影区域),最小声透射率低于 0.2;当 H = 32.0 cm 时,最小声透射率可以达到 0.002,表明所设计的隔声屏障可以同时实现良好的低频隔声与通风性能。

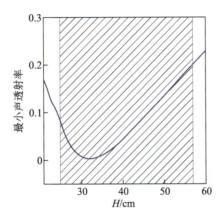

图 4.7　数值模拟隔声屏障最小声透射率与参数 H 的关系曲线

4.1.6　带宽优化

图 4.8 显示数值模拟声波垂直激发不同参数 w 对应的单层通风隔声屏障产生的声透射谱,其他参数与图 4.3 相同。可以看到,随着参数 w 减小,工作频带向低频区域平移。因此,通过调节参数 w,可以实现隔声屏障的工作频带调控。

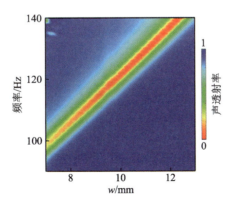

图 4.8　数值模拟声波垂直激发不同参数 w 对应的单层通风隔声屏障产生的声透射谱

为了优化隔声屏障的工作带宽,基于图 4.8 的结果,设计多层通风隔声屏障结构。图 4.9 显示多层通风隔声屏障结构,可以看到,通风屏障由 N 层不同参数的单元构成,相邻层间距为 h。图 4.10(a)显示数值模拟声波垂直激发层数(N)分别为 2、3、4 的隔声屏障产生的声透射谱,其中第 N 层单元参数 $w=9.3+0.7\times(N-1)$ mm,$h=4.0$ cm,其他参数与图 4.3 相同。可以看到,随着层数增加,屏障的隔声带宽逐渐增大,当 $N=4$ 时,在频带 114.0 Hz ~ 137.2 Hz (黑色阴影区域)中,声透射率均低于 0.2,相对带宽可以达到 19%,表现出宽带低频隔声效应。此外,多层隔声屏障结构中的单元间距 H 不变,因此对屏障的通风性能没有影响。

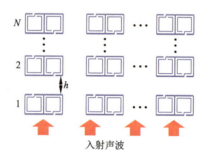

图 4.9 多层通风隔声屏障结构示意图

图 4.10(b)显示数值模拟声波通过多层隔声屏障($N=3$)结构的声透射谱 ($h=2.0$ cm、4.0 cm 和 6.0 cm),其他条件与图 4.10(a)相同。可以看到,参数 $h=4.0$ cm 和 6.0 cm 对应的隔声屏障的声透射谱基本相同,且与 $h=2.0$ cm 对应的声透射谱差别很小,表明参数 h 对多层隔声屏障的性能影响较小。

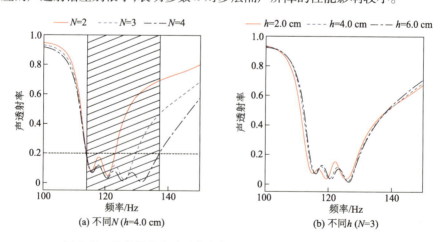

(a) 不同 N ($h=4.0$ cm)　　　　(b) 不同 h ($N=3$)

图 4.10 数值模拟声波垂直激发多层隔声屏障产生的声透射谱

4.1.7 实验测量

下面对单元隔声性能进行实验测量。图 4.11 显示实验测量装置示意图，波导尺寸为 $(2×0.4×0.06)$ m³，采用环氧树脂 3D 打印制备 N 层单元样品，且放置在波导中间，声源阵列放置在波导管左侧，由功率放大器驱动，并在波导内产生入射声信号，波导右侧开放，将 1/4 英寸麦克风从波导右侧的开放端口伸进波导内的扫描区域测量透射声信号，利用数据采集卡采集后传输到计算机进行数据处理。波导内放置样品时，所测声信号为 p_{1i}，无样品时为 p_{2i}，则声透射率表示为 $T = \sum_i |p_{1i}|^2 / \sum_i |p_{2i}|^2$，其中 i 为麦克风在扫描区域的位置编号。

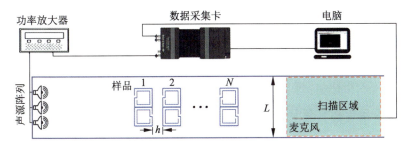

图 4.11　实验测量装置示意图

图 4.12 显示实验测量 N 层（N＝1、2 和 3）单元样品的声透射谱，并与相应的数值模拟结果进行比较，其中 L＝40.0 cm，h＝4.0 cm，其他条件与图 4.10(a) 相同。可以看到，随着层数 N 增加，样品的隔声带宽增大，实验测量与数值模拟结果吻合很好，从而验证了多层通风隔声屏障的宽带隔声性能。

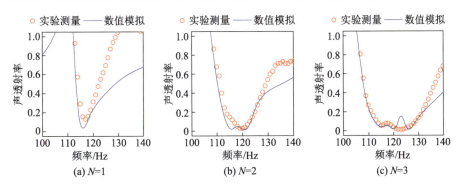

图 4.12　实验测量与数值模拟声波激发 N 层单元样品产生的声透射谱

4.1.8 通风宽带隔声室

下面基于多层隔声屏障结构($N=3$)设计通风宽带隔声室。图 4.13 显示所设计的通风隔声室结构示意图,柱面声源放置在 O 点或 O' 点。图 4.14 显示数值模拟柱面声源放置在 O 点激发通风隔声室产生的声透射谱,可以看到,在频带 114.5 Hz~138.6 Hz(黑色阴影区域)中,声透射率均低于 0.2,相对带宽为 19%,表现出宽带低频隔声效应。

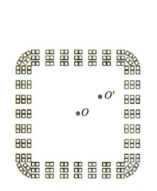

图 4.13 通风隔声室结构示意图　**图 4.14 数值模拟柱面声源在 O 点激发通风隔声室产生的声透射谱**

图 4.15(a)和 4.15(b)分别显示数值模拟频率 121 Hz 和 126.5 Hz(分别对应图 4.14 中的 A 点和 B 点)的柱面声源放置在隔声室 O 点激发通风隔声室产生的声能量密度场分布。可以看到,在两种频率的声波激发下,几乎所有方向的声能量都被隔声室阻隔,不能向外传播,但空气、热量和光线等媒介能实现自由交换,表现出良好的通风隔声性能。

图 4.15(c)和 4.15(d)分别显示数值模拟频率 121 Hz 和 126.5 Hz 的柱面声源放置在隔声室 O' 点激发通风隔声室产生的声能量密度场分布,同样可以看到,几乎所有方向的声能量被隔声室阻隔,表现出良好的通风隔声性能,从而表明所设计的通风隔声室对声源位置具有很好的鲁棒性。

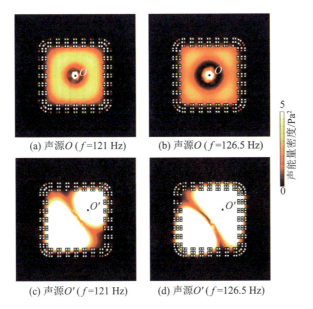

(a) 声源 O ($f=121$ Hz)　　(b) 声源 O ($f=126.5$ Hz)

(c) 声源 O' ($f=121$ Hz)　　(d) 声源 O' ($f=126.5$ Hz)

图 4.15　数值模拟柱面声源激发通风隔声室产生的声能量密度($|p|^2$,p 为总声压)场分布

4.2　基于反向排列谐振腔结构的可调控低频通风隔声屏障

4.2.1　单元结构

图 4.16 显示基于反向排列谐振腔结构的通风隔声屏障结构示意图,它由单层周期性排列的单元组成,相邻单元间距为 L。基于 3D 打印技术采用环氧树脂打印制备单元样品,其照片如图 4.17(a)。图 4.17(b)显示单元结构的截面,单元由两个反向排列的谐振腔组成,单个谐振腔由 2 个弯曲通道和 1 个可调抽屉型结构组成,其中参数 a、e、t 分别为单个谐振腔结构宽度、壁厚以及弯曲通道宽度,通过控制抽屉型结构的移动距离 d,可以调控中心空腔大小,进而实现对单元谐振频率的调控。

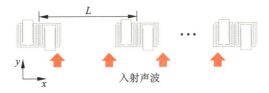

图 4.16　基于反向排列谐振腔结构的通风隔声屏障示意图

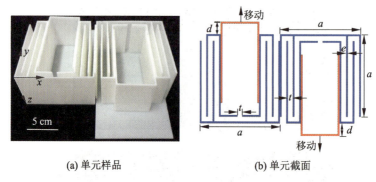

(a) 单元样品   (b) 单元截面

图 4.17　单元样品与截面

4.2.2　数值模型

数值模型设置见 3.1.2 节,所设计的单元结构参数见表 4.2。

表 4.2　单元结构参数

L/cm	a/cm	e/mm	t/mm	d/mm
40.0	10.0	2.0	6.0	0

4.2.3　隔声性能

图 4.18 显示实验测量装置示意图。实验测量在亚克力板制备的直波导中进行,波导尺寸为 2 m×0.4 m×0.06 m,样品放置在波导中间,声源放置在波导左侧,通过功率放大器驱动在波导中产生入射声信号,波导右侧放置尖劈形吸音棉吸收反射声能量。采用 4 麦克风测量法,4 个麦克风分别从波导上侧的 4 个圆孔插入波导的内部,同时测量声信号的幅值与相位,所测的声信号分别表示为 p_1、p_2、p_3 和 p_4,利用数据采集卡采集后进行数据处理。

设样品左侧入射声信号为 p_I,反射声信号为 p_R,样品右侧透射声信号为 p_T,反射声信号为 p_{R1},孔 1 与孔 2 间距为 s_1,孔 2 与样品左侧表面间距为 l_1,孔 3 与孔 4 间距为 s_2,孔 3 与样品右侧表面间距为 l_2,则测量的声信号表示为[164]

$$p_1 = p_I \text{e}^{ik(s_1+l_1)} + p_R \text{e}^{-ik(s_1+l_1)} \tag{4.1}$$

$$p_2 = p_I \text{e}^{ikl_1} + p_R \text{e}^{-ikl_1} \tag{4.2}$$

$$p_3 = p_T \text{e}^{-ikl_2} + p_{R1} \text{e}^{ikl_2} \tag{4.3}$$

$$p_4 = p_T \text{e}^{-ik(s_2+l_2)} + p_{R1} \text{e}^{ik(s_2+l_2)} \tag{4.4}$$

联立式(4.1)~(4.4),可以分别得到入射声信号、反射声信号和透射声信号,分别表示如下[164]

$$p_1 = \frac{p_2 e^{-ik(s_1+l_1)} - p_1 e^{-ikl_1}}{e^{-iks_1} - e^{iks_1}} \tag{4.5}$$

$$p_R = \frac{p_1 e^{ikl_1} - p_2 e^{ik(s_1+l_1)}}{e^{-iks_1} - e^{iks_1}} \tag{4.6}$$

$$p_T = \frac{p_4 e^{ikl_2} - p_3 e^{ik(s_2+l_2)}}{e^{-iks_2} - e^{iks_2}} \tag{4.7}$$

则样品的声反射系数 $r = |p_R| / |p_1|$,声反射率 $R = |r|^2$;声透射系数 $t = |p_T| / |p_1|$,声透射率 $T = |t|^2$,转换为分贝形式为 $10 \lg |t|^2 (dB)$;声吸收率 $\alpha = 1 - R - T$。

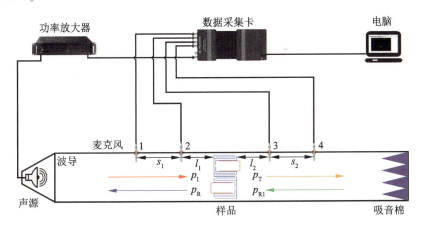

图 4.18 实验测量装置示意图

图 4.19(a)显示实验测量通风隔声屏障的声透射谱,并与对应的数值模拟结果进行对比。可以看出,在频带 151 Hz~158 Hz(黑色阴影区域)中,声透射率低于-5 dB,相对带宽约为 4.5%,表现出很好的低频隔声效应。图 4.19(b)显示实验测量与数值模拟隔声屏障的声吸收谱与声反射谱,可以看到,在黑色阴影区域,隔声屏障的最大声吸收率可以达到 0.65,最大声反射率约为 0.3。因此,所设计的屏障隔声效应来自声能量吸收和反射的共同作用。实验测量与数值模拟结果吻合较好,从而验证了所设计的通风隔声屏障性能。此外,相邻单元间距 $L = 40$ cm,为单元宽度的 2 倍,因此具有较好的通风性能。

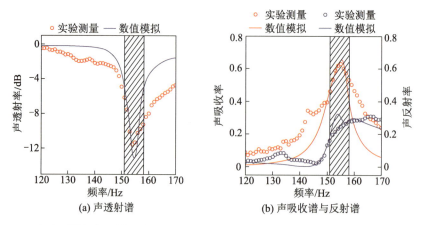

图 4.19 实验测量与数值模拟声波通过隔声屏障($d=0$)产生的声透射谱、吸收谱及反射谱

4.2.4 物理机制

为了研究屏障的隔声机制,下面数值模拟单元的本征模式。如图 4.20(a)和 4.20(b),单元结构在工作频带中具有两种不同的本征模式,对应的本征频率分别为 153.7 Hz 和 157.7 Hz。根据本征模式的声压场和相位场分布特征,分别将其标记为对称模式与反对称模式,其中对称模式(153.7 Hz)对应的两个谐振腔的声压场与相位场分布相同,反对称模式(157.7 Hz)对应的两个谐振腔的相位场分布呈反相特征。图 4.21(a)显示数值模拟频率 155 Hz 的声波(箭头)垂直激发单元产生的声压场与相位场分布。可以看出,单元中的声压场分布与反对称模式中的特征(图 4.20b)相似,但两个谐振腔的相位差小于 π,且其对应的频率在对称和反对称模式的本征频率之间。由此可得,该模式来自对称与反对称模式的相互耦合作用。此外,数值模拟频率 155 Hz 的声波垂直激发单元产生的空气速度场与热黏损耗能量密度场分布如图 4.21(b),可以看到,弯曲通道中的空气流速较大,通道内壁以及通道与谐振腔界面处的声能量热黏损耗较高,表明声能量吸收来自狭窄通道中的声能量耗散。因此,所设计的通风隔声屏障基于对称和反对称本征模式的耦合将大部分声能量吸收到单元内部,并在弯曲通道中通过热黏损耗实现声能量耗散,而剩余的声能量被反射回去,从而实现低频隔声效应。

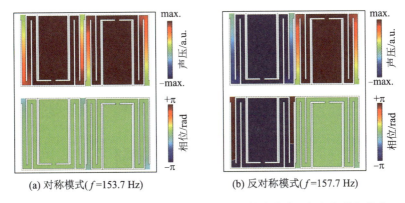

(a) 对称模式(f=153.7 Hz)　　　　(b) 反对称模式(f=157.7 Hz)

图 4.20　数值模拟单元的对称模式与反对称模式的声压场与相位场分布

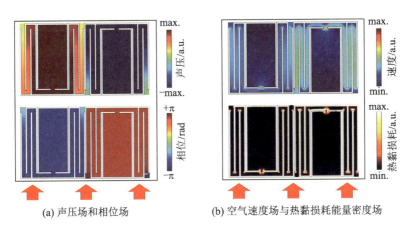

(a) 声压场和相位场　　　　(b) 空气速度场与热黏损耗能量密度场

图 4.21　数值模拟频率 155 Hz 的声波(箭头)垂直激发单元产生的声压场
与相位场分布及空气速度场与热黏损耗能量密度场分布

4.2.5　性能调控

下面讨论移动单元抽屉型结构对屏障性能的影响。图 4.22 为数值模拟声波通过不同参数 d 对应的隔声屏障产生的声透射谱。可以看到,随着参数 d 增大,工作频带向低频区域移动,从而表明通过改变参数 d,可以调控屏障的工作频带。为了验证该特性,实验测量声波通过不同参数 d 对应的隔声屏障产生的声透射谱,并与数值模拟结果进行比较如图 4.23,可以看出,当参数 d 设置为 5 mm、15 mm、25 mm、35 mm 和 45 mm 时,声透射谱中的"谷"对应的频率分别为 152 Hz、148 Hz、142 Hz、135 Hz 和 124 Hz,与图 4.22 中的频带变化趋势一致,实验测量与数值模拟结果吻合很好,从而验证了所设计通风屏障的可调控隔声效应。为进一步展示通风隔声屏障的调控机制,数值模拟声波通过不同参数 d 对应的隔声屏障产生的声压场与热黏损耗能量密度场分布如图 4.24,可以看到,当入射声波频率分别为 152 Hz、148 Hz、142 Hz、135 Hz 和 124 Hz 时,单元中的声压场和热黏损耗能量密度场分布与图 4.21 中的结果相似,进一步验证了不同参数 d 对应的屏障隔声效应来自单元的对称和反对称模式耦合。

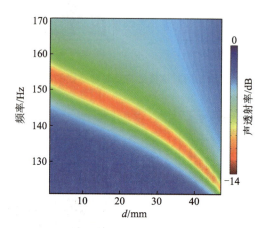

图 4.22 数值模拟声波通过不同参数 d 对应的隔声屏障产生的声透射谱

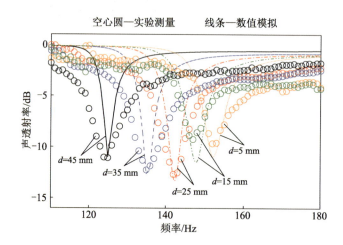

图 4.23 实验测量与数值模拟声波通过不同参数 d 对应的隔声屏障产生的声透射谱

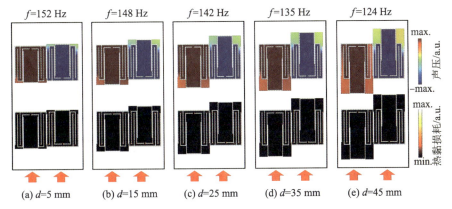

(a) d=5 mm　　(b) d=15 mm　　(c) d=25 mm　　(d) d=35 mm　　(e) d=45 mm

图 4.24　数值模拟声波通过不同参数 d 对应的隔声屏障产生的声压场与热黏损耗能量密度场分布

4.2.6　带宽优化

如图 4.25,优化的通风隔声屏障由双层单元周期性排列而成,其中 4 个谐振腔中的抽屉型结构移动距离分别为 d_1、d_2、d_3 和 d_4,相邻单元间距 L 为 40 cm,层间距 H=15 cm,通风宽度与图 4.16 一致。图 4.26 显示实验测量和数值模拟声波通过不同参数 d 对应的双层可调控通风隔声屏障的声透射谱。可以看出,当参数 d_1=d_2=d_3=d_4=0 mm 时,在频带 148.7 Hz~164.7 Hz(黑色阴影区域)中,声透射率低于-5 dB(图 4.26a),相对带宽可以达到 10.4%,约为图 4.19 中屏障的 2.3 倍。此外,通过调节参数 d_1、d_2、d_3 和 d_4,可以进一步调控隔声屏障的工作频带与带宽。图 4.26(b) 与 4.26(c) 中,选取参数 d_1=d_3=0 mm、d_2=d_4=15 mm 与 d_1=d_3=15 mm、d_2=d_4=30 mm 时,隔声屏障的工作频带分别为 143.5 Hz~162.2 Hz 与 131.9 Hz~153.1 Hz,相对带宽增大到 14.5%。实验测量与数值模拟结果基本一致。上述结果表明,所设计的双层通风隔声屏障结构可以有效调控隔声频带和带宽。

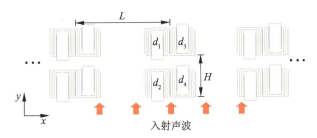

图 4.25　双层可调控通风隔声屏障示意图

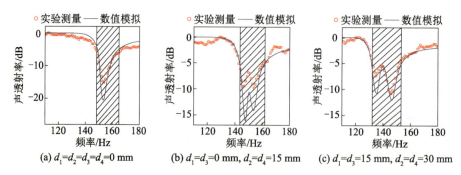

图 4.26 实验测量和数值模拟声波通过不同参数 d 对应的双层可调控通风隔声屏障产生的声透射谱

此外,采用双层 8 个正反交替排列的谐振腔组成的复合单元,可进一步调控隔声屏障的工作频带。如图 4.27,8 个谐振腔的抽屉型结构移动距离分别为 d_1、d_2、d_3、d_4、d_5、d_6、d_7 和 d_8,单元间距 L_1 为 60 cm,层间距 H 为 15 cm,其他参数与图 4.25 保持一致。图 4.28 显示实验测量和数值模拟三种不同参数 d 组合的复合单元对应的双层可调控通风隔声屏障的声透射谱。如图 4.28(a),该复合单元对应的隔声屏障工作频带为 139.2 Hz ~ 180.2 Hz(黑色阴影区域),相对带宽为 26.3%,约为图 4.26(a)中屏障的 2 倍。在此基础上,将 d_3、d_4、d_5 和 d_6 增大到 15 mm,其他参数保持不变(图 4.28b),则隔声屏障的工作频带(黑色阴影区域,133.6 Hz ~ 179.6 Hz)向低频区域平移,相对带宽可以达到 29.5%。进一步调节抽屉型结构的位置(图 4.28c),隔声屏障工作频带(黑色阴影区域,124.8 Hz ~ 172.2 Hz)继续向低频区域平移。从上述结果可以看出,设计双层 8 个谐振腔的复合单元,通过调节抽屉型结构移动距离,可以进一步提升隔声屏障的工作带宽,并实现隔声频带调控。

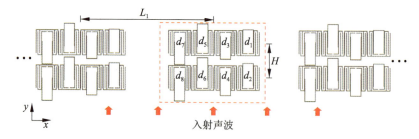

图 4.27 基于 8 个谐振腔组成复合单元的双层可调控通风隔声屏障示意图

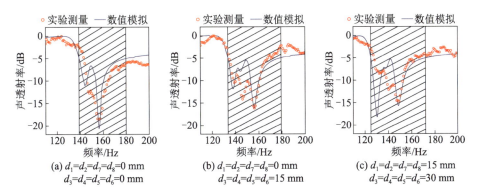

图 4.28　实验测量和数值模拟声波通过不同参数 *d* 组合的复合单元对应的双层可调控通风隔声屏障产生的声透射谱

4.3　基于多腔共振单元的宽带通风隔声屏障

4.3.1　单元结构

图 4.29 显示所设计的多腔共振单元通风隔声屏障,由单元周期性排列而成[165]。单元宽度为 D,厚度为 H,由 3D 打印技术制备。图 4.30(a)~(c)分别表示了单元的顶部、底部及截面照片,图 4.30(d)显示了单元截面示意图。可以看出,多腔共振单元由中心方孔与 4 个相互连通的共振腔结构组成。其中,结构壁厚、方孔宽度、相邻腔的通道宽度、腔底开口宽度及共振腔与单元边框间距分别表示为 t、a、w、b 和 c。

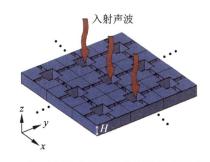

图 4.29　基于多腔共振单元的通风隔声屏障示意图

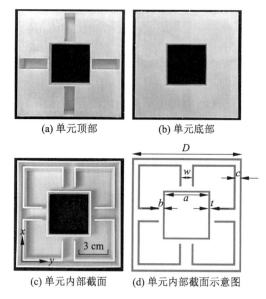

(a) 单元顶部　　　　(b) 单元底部

(c) 单元内部截面　　　(d) 单元内部截面示意图

图 4.30　多腔共振单元结构

4.3.2　数值模型

数值模型设置见 3.1.2 节,单元结构参数见表 4.3。

表 4.3　单元结构参数

D/cm	w/cm	t/mm	a/cm	b/mm	c/mm	H/cm
10.0	1.0	1.5	4.0	4.0	4.0	3.0

4.3.3　隔声性能

下面实验测量屏障的隔声性能。实验测量装置如图 4.31,波导尺寸为 2 m×0.1 m×0.1 m。图 4.32 显示实验测量样品的声透射谱,同时数值模拟硬声场和周期性边界条件对应的结果并进行比较,样品参数与图 4.30 相同。可以看到,在频带 834 Hz~2395 Hz(黑色阴影区域)中,声透射率均低于 0.1,且在频率 947 Hz 处减小到 0.001,相对带宽可以达到 96.68%,表现出超宽带隔声效应。由于两种不同边界条件下,数值模拟的声透射谱几乎相同,因此,可以采用单个单元的模拟结果表征屏障的隔声性能。此外,基于单元中心方孔的面积占比,可以得到屏障的通风率为 16%。

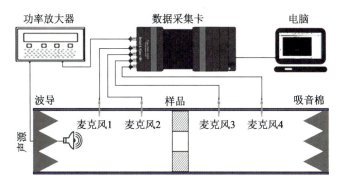

图 4.31　实验测量装置示意图

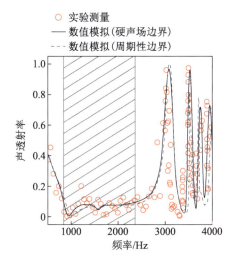

图 4.32　实验测量与数值模拟声波激发单元产生的声透射谱

4.3.4　物理机制

为了分析屏障的隔声机制,现对单元的声透射谱、反射谱及吸收谱进行数值模拟,如图 4.33。可以发现隔声效应由声吸收和声反射共同作用实现,因此,根据不同机制,可以将工作频带分为四个区域(Ⅰ:834 Hz～1150 Hz;Ⅱ:1150 Hz～1450 Hz;Ⅲ:1450 Hz～1700 Hz;Ⅳ:1700 Hz～2395 Hz)。在频带Ⅰ和Ⅲ中,声吸收率大于 0.1,且在 1580 Hz 处可以达到 0.9 以上,而在频带Ⅱ和Ⅳ中,声吸收率和透射率均小于 0.1。由此可得,频带Ⅲ对应的隔声效应主要来自单元的声吸收,频带Ⅱ和Ⅳ对应的隔声效应主要由声反射引起,而频带Ⅰ对应的隔声效应由声吸收与声反射共同作用实现。

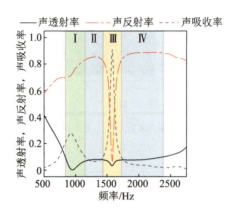

图 4.33　数值模拟声波激发单元产生的声透射谱、反射谱和吸收谱

如图 4.33,声吸收谱在 920 Hz 与 1580 Hz 两个频率处存在着吸收峰。为了进一步分析其物理机制,数值模拟单元在两吸收峰附近的本征模式。如图 4.34(a),单元在频率 920 Hz 及 1578 Hz 处存在本征模式,可以看出,对于频率 920 Hz 的本征模式,大部分声能量集中在共振腔内部,而对于频率 1578 Hz 的本征模式,声能量主要集中在共振腔与单元外框之间的区域。图 4.34(b)显示频率 920 Hz 和 1580 Hz 的声波垂直激发单元产生的声压幅值场分布。可以看出,其分布特征与图 4.34(a)中的本征模式一致。由此可得,频带 Ⅰ 与 Ⅲ 的吸声机制来自共振单元的本征模式激发。在此基础上,数值模拟频率 920 Hz 与 1580 Hz 的声波垂直激发单元产生的热黏损耗能量密度场分布(图 4.35),可以看出,声能量在单元内部存在明显的热黏损耗,进而实现耗散。

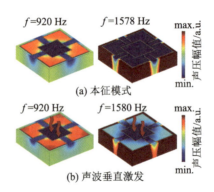

图 4.34　数值模拟单元本征模式声压幅值场分布及声波垂直激发单元产生的
声压幅值场分布

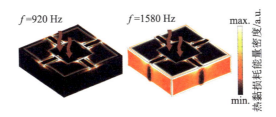

图 4.35　数值模拟声波垂直激发单元产生的热黏损耗能量密度场分布

为了进一步解释屏障的隔声机制,对单元的等效参数进行模拟。图 4.36(a)~(d)分别显示单元的等效体模量、等效阻抗、等效声速及声吸收谱。图 4.36(a)中,由于本征模式的激发,等效体模量实部在 920 Hz 和 1578 Hz 处接近于 0。此外,频率 1578 Hz 处的等效阻抗和等效声速的虚部大于频率 920 Hz 对应的虚部(图 4.36b 和 4.36c),从而表明在频率 1578 Hz 处,声能量在单元内部集中并产生耗散。上述机制分析与图 4.33~4.35 中的结果吻合。

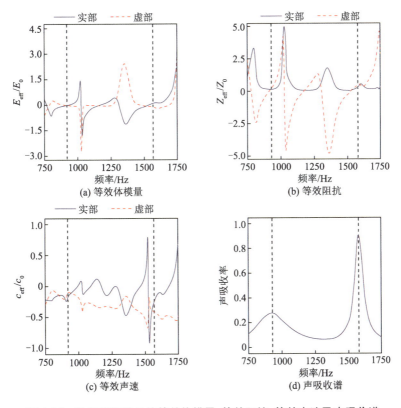

图 4.36　数值模拟单元的等效体模量、等效阻抗、等效声速及声吸收谱

此外,图 4.37 显示数值模拟不同入射角度的声波激发单元产生的声透射谱。可以看出,不同入射角度声波产生的声透射谱几乎相同,表明通风屏障可以在大角度范围实现高性能宽带隔声。

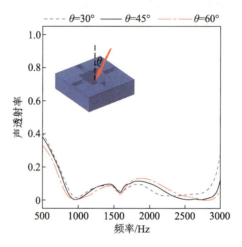

图 4.37 数值模拟不同入射角度声波激发单元产生的声透射谱

4.3.5 带宽优化

下面分析单元结构参数 a 和 w 对隔声性能的影响。图 4.38 显示实验测量与数值模拟声波通过不同参数 a 和 w 对应的单层通风隔声屏障的声透射谱。可以看到,随着参数 a 或 w 的变化,屏障对 3000 Hz 以下的声波均具有很好的隔声效应,实验测量与数值模拟结果吻合很好。

为了优化通风隔声屏障带宽,组合不同参数的单元,设计了三层屏障结构。图 4.39(a)为基于不同参数 a 的单元构建的三层通风隔声屏障结构示意图,沿着声波入射方向每层单元参数 a 分别为 5 cm、4 cm 和 3 cm,相邻两层单元间距 $d=4.5$ cm,其他参数与图 4.32 一致。此类型三层隔声屏障的重叠开孔面积占比为 9%,通风率与单层屏障相比有所降低。图 4.40(a)显示实验测量与数值模拟的三层通风隔声屏障声透射谱。可以发现,在频带 636 Hz ~ 3798 Hz(黑色阴影区域)中,声透射率均低于 0.1,相对带宽可以达到 142.63%,与单层隔声屏障相比,带宽明显增大,实验测量与数值模拟结果吻合很好。

图 4.39(b)为基于不同参数 w 的单元构建的三层通风隔声屏障结构示意图,沿声波的入射方向,每层单元参数 w 分别为 5 mm、10 mm 和 15 mm,相邻两层单元间距 $d=4.5$ cm,其他参数与图 4.32 一致。此类型三层隔声屏障的

重叠开孔面积占比为 16%,通风率与单层屏障相同。图 4.40(b)显示实验测量与数值模拟声波通过三层通风隔声屏障产生的声透射谱。可以看到,在频带 660 Hz~3890 Hz(黑色阴影区域)中,声透射率均低于 0.1,相对带宽可以达到 141.98%,实验测量与数值模拟结果吻合很好,此类型三层隔声屏障同样实现了带宽优化。上述两种类型的三层隔声屏障的超宽带隔声效应与不同参数 a 和 w 相关,同时也与相邻两层屏障之间的声能量散射和反射相关。因此,设计多层通风屏障,可以有效优化隔声屏障的工作带宽。

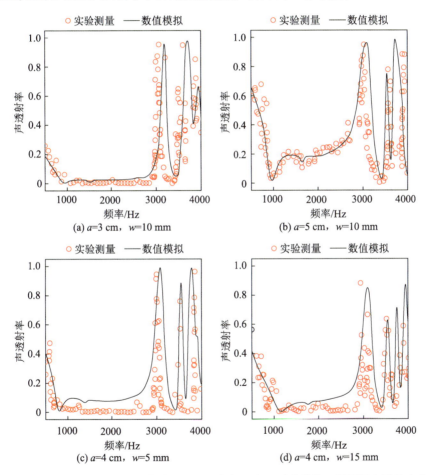

图 4.38　实验测量与数值模拟声波通过不同参数 a 和 w 对应的单层通风隔声屏障产生的声透射谱

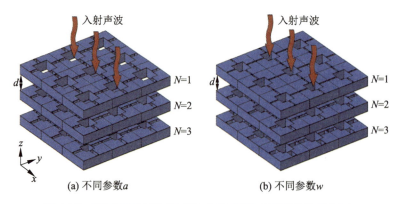

图 4.39　基于不同参数单元的三层通风隔声屏障结构示意图

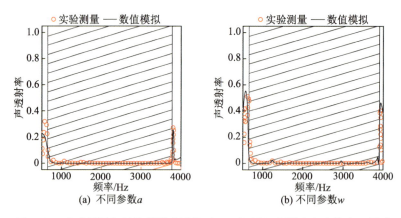

图 4.40　实验测量与数值模拟声波通过三层通风隔声屏障产生的声透射谱

4.4　基于蜷曲通道共振单元的双层宽带通风隔声屏障

4.4.1　单元结构

如图 4.41(a)，基于蜷曲通道共振单元的通风隔声屏障由双层周期性排列的单元组成，其中相邻层与相邻单元间距分别为 l_x 和 l_y（图 4.41b）。图 4.41(c)显示了基于 3D 打印技术制备的单元样品。可以看出，所设计的单元由 4 个蜷曲空气通道围绕中心方形空腔组成，其中单元长度、壁厚和通道宽度分别为 a、e 和 d。

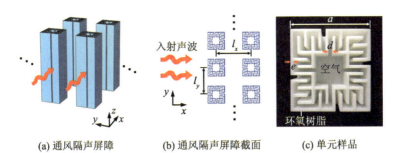

(a) 通风隔声屏障　　　(b) 通风隔声屏障截面　　　(c) 单元样品

图 4.41　通风隔声屏障结构与单元

4.4.2　数值模型

数值模型设置见 3.1.2 节,单元结构参数见表 4.4。

表 4.4　单元结构参数

a/mm	e/mm	d/mm	l_x/cm	l_y/cm
57	2	3	16	8

4.4.3　隔声性能

为了展示通风屏障的隔声性能,实验测量声波通过屏障产生的声透射谱。如图 4.42,实验测量在直波导中进行,波导尺寸为 2 m×0.08 m×0.06 m。图 4.43(a)显示了实验测量样品的声透射谱,并与相应的数值模拟结果进行比较。可以看到,在频带 540 Hz~1430 Hz 和 1740 Hz~2090 Hz(阴影区域)中,声透射率均低于−10 dB,对应的工作带宽分别为 890 Hz 和 350 Hz,显示出宽带隔声效应,实验测量与数值模拟结果一致。这里距离 l_y 与单元长度 a 之比可以达到 1.4∶1,保障了屏障的通风性能。

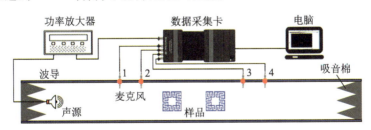

图 4.42　实验测量装置示意图

4.4.4　物理机制

为了解释通风屏障的隔声机制,数值模拟声波通过屏障产生的声吸收谱和反射谱。如图4.43(b),可以看到,屏障的宽带隔声性能与单元的声吸收和声反射相关。为了进一步验证该结论,将隔声频带按不同机制分为5个区域(Ⅰ:540 Hz~640 Hz;Ⅱ:640 Hz~1310 Hz;Ⅲ:1310 Hz~1430 Hz;Ⅳ:1740 Hz~1840 Hz;Ⅴ:1840 Hz~2090 Hz)。其中,频带Ⅰ、Ⅲ和Ⅳ(红色阴影区域)主要来自声吸收和声反射,而频带Ⅱ和Ⅴ(黑色阴影区域)由声反射引起。下面数值模拟单元的Γ-X方向能带结构,如图4.43(c),可以看到,单元的能带结构(黄色区域)与图4.43(a)中的工作频带基本一致。其中,频带Ⅱ和Ⅴ与带隙吻合,表明频带Ⅱ和Ⅴ的隔声效应来自带隙引起的声反射。

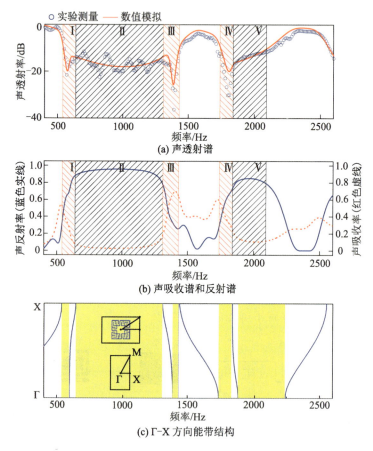

图4.43 声波通过隔声屏障产生的声透射谱、吸收谱和反射谱以及Γ-X方向能带结构

4.4.5 鲁棒性验证

为了研究通风隔声屏障的鲁棒性,将屏障中的单元分别围绕其中心旋转

角度 θ 及相邻层单元垂直平移距离 m，如图 4.44（a）和 4.44（b）。实验测量旋转角度 $\theta=20°$ 和垂直平移距离 $m=12$ mm 对应的通风屏障声透射谱，分别如图 4.45（a）和 4.45（b），并与相应的数值模拟结果进行比较。可以看到，当 $\theta=20°$ 时，在频带 540 Hz～1440 Hz 和 1760 Hz～2090 Hz（黑色阴影区域）中，声透射率均低于 -10 dB。当 $m=12$ mm 时，在频带 540 Hz～1440 Hz 和 1910 Hz～2190 Hz（黑色阴影区域）中，声透射率均低于 -10 dB。两种情况对应的工作频带与图 4.43（a）基本相同，从而验证了所设计的通风隔声屏障的鲁棒性。

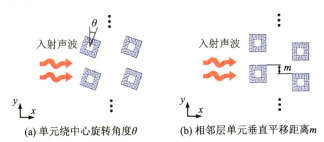

(a) 单元绕中心旋转角度 θ　　(b) 相邻层单元垂直平移距离 m

图 4.44　隔声屏障中单元绕中心旋转角度 θ 和相邻层单元垂直平移距离 m 示意图

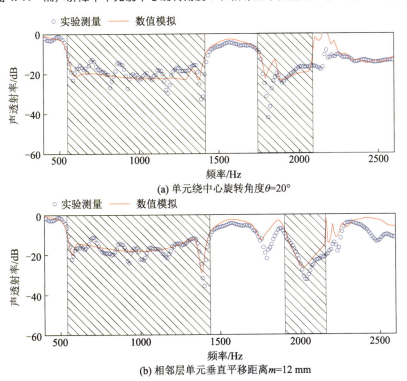

(a) 单元绕中心旋转角度 $\theta=20°$

(b) 相邻层单元垂直平移距离 $m=12$ mm

图 4.45　实验测量与数值模拟声波通过隔声屏障产生的声透射谱

4.5 通风隔声屏障在隔声泵房中的应用

4.5.1 通风隔声屏障

考虑山区和边远灾区等应急供水应用场景,将3.4.1节介绍的应急供水多级泵系统安装在移动式泵房,由于泵系统工作会产生大量的噪声及热量,为了满足生态友好和设备保护等需求,需要泵房同时具有隔声降噪和通风散热的功能。这里针对3.4.1节中泵系统噪声频谱设计通风隔声屏障。图4.46显示所设计的多层通风隔声屏障结构示意图,采用图4.41所示的单元,由4层单元周期性排列而成,相邻单元间距为 l_y,相邻层间距分别为 l_1、l_2 和 l_3。图4.47显示数值模拟声波垂直激发屏障产生的声透射谱,其中 $l_y = 7.0$ cm、$l_1 = 11.2$ cm、$l_2 = 18.2$ cm、$l_3 = 21.1$ cm,其他参数与图4.43(a)相同。可以看到,在频带530 Hz~2280 Hz(黑色阴影区域)中,声透射率均低于−10 dB,表现出良好的超宽带隔声性能。

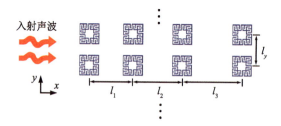

图4.46 多层通风隔声屏障结构示意图

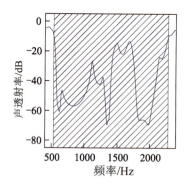

图4.47 数值模拟声波垂直通过4层隔声屏障产生的声透射谱

4.5.2 通风隔声泵房

基于通风宽带隔声屏障设计通风隔声泵房,如图 4.48,通风隔声泵房由泵房墙壁及两侧安装的通风隔声屏障组成。泵房尺寸为 $(4.0×2.5)$ m²,泵系统安装在泵房中央,泵房左右两侧为 4 层的通风隔声屏障,由 288 个单元周期排列而成,总厚度约为 56 cm。

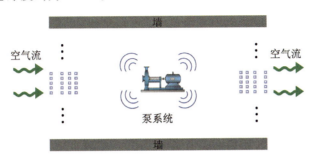

图 4.48　通风隔声泵房结构示意图

采用 4 个柱面声源组成的声源阵列模拟泵系统噪声源。图 4.49 显示数值模拟通风隔声泵房的声透射谱,可以看到,在频带 1127 Hz ~ 1590 Hz 及 1610 Hz ~ 2154 Hz(黑色阴影区域)中,声透射率均低于-10 dB,基本满足泵系统的噪声频带要求。为了展示所设计的通风泵房隔声性能,数值模拟频率 1480 Hz(图 4.50)和 1790 Hz(图 4.51)的声波通过隔声泵房产生的总声压场分布,图中白色圆点表示声源位置。可以看到,泵系统产生噪声无法通过隔声屏障传播到泵房外,但泵房内外的热量可以实现自由交换,从而说明所设计的隔声泵房具有良好的隔声降噪与通风散热性能。

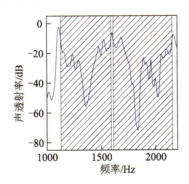

图 4.49　数值模拟声波通过通风隔声泵房产生的声透射谱

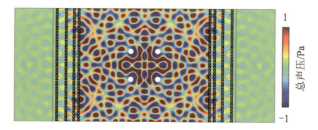

图 4.50　数值模拟频率 **1480 Hz** 的声波通过通风隔声泵房产生的总声压场分布

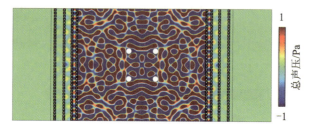

图 4.51　数值模拟频率 **1790 Hz** 的声波通过通风隔声泵房产生的总声压场分布

第5章　基于超表面的隔声通道/窗结构设计及其在车载泵噪声控制中的应用

车载应急供水多级泵系统具有灵活机动的优点,能够适应复杂地形,满足山区和边远灾区的应急供水需求。然而,车载泵系统在工作时会产生强烈的噪声,不仅严重污染生态环境,还危害车载人员的身心健康。采用一定厚度的封闭式车厢,虽然可以有效隔离噪声传播,但存在着泵系统运行产生的热量无法扩散等问题,从而严重影响车载泵系统的工作效率。设计通风隔声与消声通道/窗[139-146],可以同时实现噪声控制与通风散热的功能,从而有效解决上述问题。声学超表面[138,147,148]由于具有超薄结构和相位调控功能,为设计各种类型隔声结构提供了可行性。例如,通过设计所需的相位梯度声学超表面,可以实现声传播的精确调控;将超表面嵌在通道内壁和窗户的叶片上,可以设计制备多种类型通风隔声通道和隔声窗。

本章针对车载应急供水多级泵系统的噪声控制需求,基于声学超表面设计制备了三种类型通风隔声通道和隔声窗,首先,提出一种基于钩状单元声学超表面的单向隔声通道和窗结构,设计具有特定相位梯度的超表面,构建单向隔声通道和窗结构,并通过改变超表面的相位梯度优化单向隔声带宽。其次,提出两种类型基于钩状单元声学超表面的可调控双向全方位隔声窗,通过改变叶片间距和水平平移叶片,分别实现了两种类型窗结构的双向隔声功能的开关,并深入分析了隔声窗的调控机制。在此基础上,基于蜷曲结构单元声学超表面提出一种低频低反射双向隔声通道,并基于隔声通道设计实现了低频低反射双向隔声窗结构。最后,针对车载应急供水多级泵系统的噪声控制需求,将隔声窗结构应用到车载泵的通风隔声车厢壁设计中,所设计的通风隔声车厢壁可以有效隔离车载泵系统的工作噪声,且同时满足生态友好和通风散热的需求。

5.1 基于超表面的通风型单向隔声通道/窗

5.1.1 单元结构

图 5.1 显示声学超表面对不同入射角度声波调控的示意图[144]。超表面的相位梯度为 $-k < \dfrac{\mathrm{d}\varphi}{\mathrm{d}x} < 0$，其中，$k$ 为空气中的波数。入射角和反射角分别为声波入射方向和反射方向与超表面法线（虚线）的夹角，角度的正负分别表示声传播方向沿逆时针和顺时针偏离法线方向。基于广义斯涅尔定律，声波经超表面反射后，其反射角 θ_{r} 可以表示为[144]

$$\theta_{\mathrm{r}} = \arcsin\left[\sin\theta_{\mathrm{i}} + \frac{1}{k}\frac{\mathrm{d}\varphi(x)}{\mathrm{d}x}\right] \tag{5.1}$$

式中，θ_{i} 为入射角。如图 5.1，入射声波 I_1 和 I_2 的入射角分别为 $\pi/2$ 和 0，经超表面反射后，反射声波 R_1 和 R_2 的传播角度分别为 θ_{r1} 和 θ_{r2}。当声波入射角从 $\pi/2$ 逐渐减小为 0 时，对应的反射角逐渐从 θ_{r1} 减小到 $\theta_{\mathrm{r2}}(\theta_{\mathrm{r2}} < 0)$。由此可得，从左侧入射的声波经超表面反射后，反射角总小于 θ_{r1}，无法到达右侧阴影区域，因此将阴影区域定义为声盲区。基于声学互易原理，从右侧入射的声波，当声波的入射角度位于声盲区 $(-\pi/2 \leqslant \theta_{\mathrm{i}} \leqslant -\theta_{\mathrm{r1}})$ 时，经超表面反射后，其传播方向被限制在声盲区，无法向左侧传播。由此可见，声盲区可以实现声单向传播调控，为设计隔声结构提供了新思路。

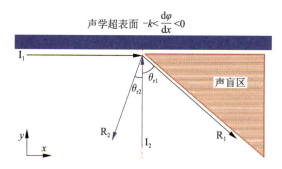

图 5.1　声学超表面对不同入射角度声波调控的示意图

为了精确调控声传播方向，设计超薄钩状单元如图 5.2，单元长度为 l，腔高为 b，壁厚为 e，钩状结构厚度与长度分别为 t 和 d。其中，参数 l、b、e 与 t 具体数值见表 5.1。当入射声波垂直激发钩状单元时，反射声波的相位会产生延迟,通过调节参数 d,可以有效调控反射相位延迟。基于钩状单元,设计超薄声学超表面。如图 5.3,所设计的超表面由 8 个具有不同参数 d 的钩状单元组成,其厚度($b+t=9.0$ mm)仅为 $\lambda/12$,可用于设计各种隔声窗叶片。

表 5.1　单元结构参数

l/mm	b/mm	e/mm	t/mm
42.0	6.0	1.5	3.0

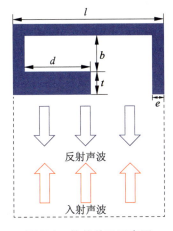

图 5.2　钩状单元示意图

图 5.3　基于钩状单元的超薄声学超表面示意图

图 5.4 显示数值模拟频率 3.0 kHz 的声波垂直激发钩状单元产生的反射相位延迟与参数 d 的关系曲线。可以看出,当参数 d 从 0 增加到 37.0 mm 时,反射相位延迟(实线)可以覆盖 1.7π 范围。其中,8 个离散相位延迟(空心圆)等间距分布,间隔为 0.15π,对应的参数 d 分别为 9.0 mm、15.9 mm、17.9 mm、19.1 mm、20.0 mm、20.7 mm、21.4 mm 和 22.2 mm。为了展示钩状单元引起的反射相位延迟,数值模拟声波垂直激发不同钩状单元产生的反射声压场,如图 5.5,其中 8 个钩状单元的参数 d 分别对应图 5.4 中 8 个离散相位延迟。可以看出,从左往右,随着单元参数 d 减小,反射声压场峰值逐渐向下平移,表明所设计的反射相控单元可以有效调制反射波阵面。

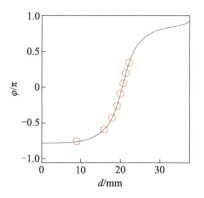

图 5.4   数值模拟声波垂直激发钩状单元产生的反射相位延迟曲线及 8 个离散相位延迟

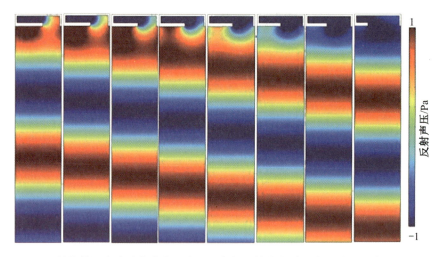

图 5.5   数值模拟声波垂直激发 8 个不同参数 d 的钩状单元产生的反射声压场分布

下面保持单元厚度($t+b=9$ mm)不变,通过调节参数 d 和 t,可以实现反射相位延迟覆盖 2π 范围。如图 5.6,对于钩状单元 I($t=3$ mm, $b=6$ mm),当参数 d 从 0 增大到 37.0 mm 时,相位延迟从 -0.78π 增大到 0.92π;对于钩状单元 II($t=8.8$ mm, $b=0.2$ mm),当参数 d 从 0 增大到 20 mm 时,相位延迟从 -0.78π 减小到 -0.90π,而当参数 d 从 25 mm 增大到 37 mm 时,相位延迟从 π 减小到 0.92π。可以看到,两种情况下,反射相位延迟几乎可以覆盖 2π 范围,由此可得,通过调节单元参数 d 和 t(保持单元厚度不变),可以将反射相位延迟拓展至整个 2π 范围。

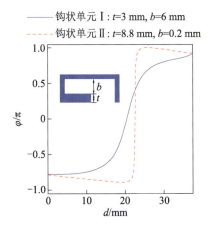

图 5.6　数值模拟频率 3.0 kHz 的声波垂直激发钩状单元 I 和 II 产生的反射相位延迟与参数 d 的关系曲线

5.1.2　声学超表面

通过调节声学超表面的相位延迟梯度,可以调控声波反射角度 θ_r。这里以频率 3.0 kHz 的声波掠入射 ($\theta_i = 90°$) 到声学超表面为例,当反射角度分别为 $\theta_r = 60°$ 和 45°时,基于式 (5.1),可以得到相应的理论相位梯度,分别为 $d\varphi/dx = -7.36$ rad/m 和 -16.10 rad/m。如图 5.7(a) 和 5.7(b),两种情况下理论连续相位延迟(实线)均为线性分布,斜率分别为 -7.36 rad/m 和 -16.10 rad/m。分别选取 8 个和 7 个对应离散相位延迟(空心圆)的钩状单元,设计相位梯度为 $d\varphi/dx = -7.36$ rad/m 和 -16.10 rad/m 的声学超表面。图 5.7 (a) 中 8 个离散相位延迟从左往右对应的钩状单元参数 d 分别为 4.0 mm、13.9 mm、16.3 mm、17.6 mm、18.5 mm、19.2 mm、19.8 mm 及 20.3 mm,图 5.7(b) 中 7 个离散相位延迟从左往右对应的钩状单元参数 d 分别为 4.0 mm、14.6 mm、18.0 mm、19.6 mm、20.7 mm、21.7 mm 及 23.0 mm。图 5.8 显示声波掠入射至声学超表面后对应的反射声波理论传播路径,θ_{r1} 为反射角。图 5.9(a) 和 5.9(b) 分别显示数值模拟声波掠入射激发 $d\varphi/dx = -7.36$ rad/m 和 -16.10 rad/m 的声学超表面产生的声压场分布,其中空心箭头表示基于式 (5.1) 计算得到的反射声波理论传播方向。可以看到,两种情况下数值模拟反射波的传播角度分别为 60°和 45°,与理论值吻合较好。此外,讨论频率 3.0 kHz 的声波垂直激发 ($\theta_i = 0°$) 声学超表面的情况如图 5.10,声波垂直入射时,反射声波的传播角度为 θ_{r2}。基于式 (5.1),可以计算得到两种情况对应的反射角分别为 7.7°

和 17.0°。图 5.11(a) 和 5.11(b) 分别显示数值模拟两种情况下声波垂直激发声学超表面产生的反射声压场分布,可以看到,反射声波传播方向与理论结果(空心箭头)一致。上述结果表明,基于钩状单元设计的具有特定相位延迟分布的声学超表面,可以有效控制声传播路径。

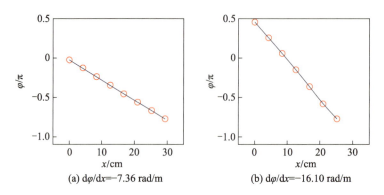

(a) $\mathrm{d}\varphi/\mathrm{d}x=-7.36\ \mathrm{rad/m}$ (b) $\mathrm{d}\varphi/\mathrm{d}x=-16.10\ \mathrm{rad/m}$

图 5.7 两种类型声学超表面的理论连续和离散相位延迟分布

图 5.8 频率 3.0 kHz 的声波掠入射激发声学超表面的反射声波传播路径示意图

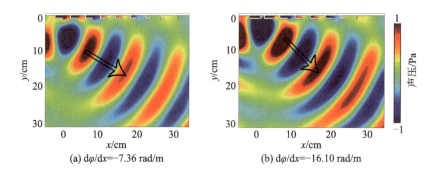

(a) $\mathrm{d}\varphi/\mathrm{d}x=-7.36\ \mathrm{rad/m}$ (b) $\mathrm{d}\varphi/\mathrm{d}x=-16.10\ \mathrm{rad/m}$

图 5.9 数值模拟频率 3.0 kHz 的声波掠入射激发声学超表面产生的声压场分布

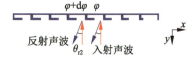

图 5.10 频率 3.0 kHz 的声波垂直激发声学超表面的反射声波传播路径示意图

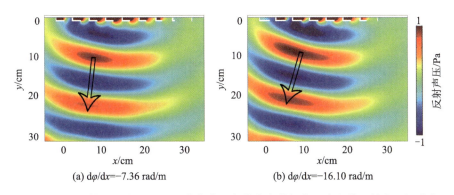

(a) dφ/dx=−7.36 rad/m　　　　(b) dφ/dx=−16.10 rad/m

图 5.11　数值模拟频率 3.0 kHz 的声波垂直激发声学超表面产生的反射声压场分布

5.1.3　单向隔声通道

基于相位梯度 dφ/dx =−7.36 rad/m 的声学超表面,设计宽带单向隔声通道如图 5.12。通道上下两壁粘贴超薄声学超表面,通道宽度 w = 13 cm。图 5.13显示数值模拟入射声波分别从左侧和右侧通过单向隔声通道产生的声透射谱。可以看到,在频带 2.74 kHz~3.39 kHz(黑色阴影区域)中,左侧入射对应的声透射率均高于 0.6,而右侧入射对应的声透射率均低于 0.2,表现出明显的单向隔声效应,相对带宽可以达到 21%。图 5.14(a)和 5.14(b)分别显示数值模拟声波分别从左侧和右侧通过单向隔声通道产生的声压场分布。可以看出,左侧入射的声波可以通过通道到达右侧;而右侧入射的声波,声能量几乎全部被反射回去,无法到达通道左侧。

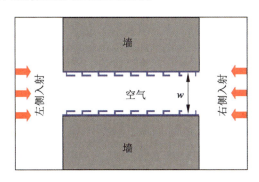

图 5.12　单向隔声通道示意图

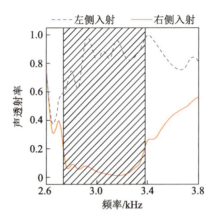

图 5.13　数值模拟声波通过单向隔声通道产生的声透射谱

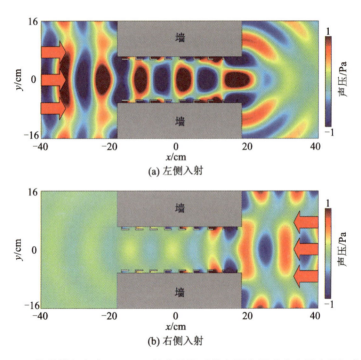

(a) 左侧入射

(b) 右侧入射

图 5.14　数值模拟频率 3.2 kHz 的声波通过单向隔声通道产生的声压场分布

5.1.4　物理机制

为了研究通道的单向隔声机制,下面讨论从左右两侧入射的声波在通道中的传播路径。为了简化分析,以声波沿着上侧超表面入射的情况为例。如图 5.15(a),当声波从左侧掠入射时,在上下两侧声学超表面发生多次反射。

基于广义斯涅耳定律,随着反射次数的增加,声波的传播角度不断减小。当声波从右侧掠入射时,如图 5.15(b),若入射角度位于声盲区,则直接被反射回去,无法通过通道;当入射角度位于声盲区外时,声波可以通过通道。图 5.16 显示左侧入射的声波在上下两侧超表面之间发生多次反射对应的传播角度,其中 I_1 和 R_i 分别对应入射声波和第 i 次反射声波。可以看到,当相位梯度为 $\mathrm{d}\varphi/\mathrm{d}x=-7.36$ rad/m 时,I_1、R_1、R_2、R_3 和 R_4 对应的角度分别为 90°、60°、47°、36.7° 及 27.6°,从而表明声波可以通过有限长的单向隔声通道。此外,数值模拟声波从右侧以不同角度入射到声学超表面产生的声反射谱,如图 5.17。这里,相位梯度为 $\mathrm{d}\varphi/\mathrm{d}x=-7.36$ rad/m,对应的声盲区范围为 -60°～-90°。可以看出,当入射角度(-90°、-80° 和 -70°)位于声盲区时,在频带 2.75 kHz～3.40 kHz,声反射率均大于 0.5,尤其是入射角为 -90° 时,对应的声反射率(实线)在频带 2.75 kHz～3.17 kHz 中大于 0.8,且在 2.80 kHz 处达到 1.0,表明声能量被完全反射回去;当入射角(-45°)位于声盲区外时,声反射率接近 0,从而表明声盲区的影响可以忽略。基于上述结果可以得到,通道的单向隔声效应是由声学超表面对左侧入射声波的多重反射及右侧入射声波的声盲区引起的。

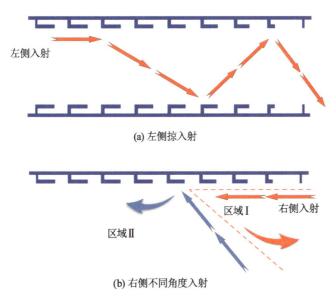

(a) 左侧掠入射

(b) 右侧不同角度入射

图 5.15　声波在单向隔声通道中的传播路径示意图

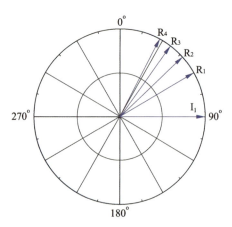

图 5.16　左侧入射声波多重反射对应的传播角度分布

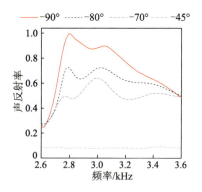

图 5.17　数值模拟右侧不同角度入射的声波激发声学超表面产生的声反射谱

5.1.5　实验测量

为了验证单向隔声通道的工作性能,实验测量了入射声波分别从左侧与右侧通过隔声通道产生的声透射谱与声压场分布。图 5.18 显示实验测量装置示意图。为了集中透射声能量,方便测量声透射率,将通道向右侧延伸至扫描区域(虚线矩形框)。入射平面声波由一组放置在样品左侧的扬声器阵列激发。采用 2 个直径为 1/4 英寸的麦克风探测声信号。其中,麦克风 1 在扫描区域中平移,测量声压幅值;麦克风 2 固定在指向声源的位置,测量声信号相位。使用 PULSE Labshop 软件,测量扫描区域中各点的声压幅值和相位,从而获得声压场分布。此外,基于 $T = \dfrac{\int A_1^2 \mathrm{d}s}{\int A_2^2 \mathrm{d}s}$ 可以计算得到通道对应的声透射率,其中 A_1 和 A_2 分别为实验测量的有无样品对应的扫描区域中各点的声压幅值。图 5.19 显示了单向隔声通道样品照片,其中参数 e、t、b、l 和 w 与图 5.13 采用的参数相同。

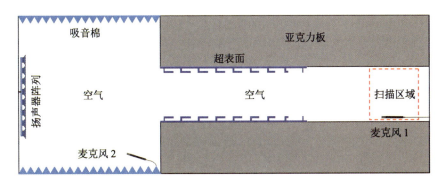

图 5.18　实验测量装置示意图

图 5.19　单向隔声通道样品照片

图 5.20 显示实验测量与数值模拟声波通过隔声通道产生的声透射谱。可以看出,在频带 2.74 kHz～3.39 kHz 中,左侧与右侧入射对应的实验测量与数值模拟结果基本一致,通道表现出高性能单向隔声效应。图 5.21(a) 与 5.21(b) 分别显示左侧和右侧入射声波通过通道激发产生的声压场分布。实验测量标记为 R_1 和 R_2 的两个扫描区域(实线正方形区域,大小为 10 cm×10 cm)的声压场分布,如图 5.21(c)。可以看出,当声波从左侧入射时,实验测量 R1 区域的声压场强度很大,与数值模拟结果吻合较好;而声波从右侧入射时,R2 区域中的声压场接近于 0。实验结果很好地验证了通道的单向隔声性能。

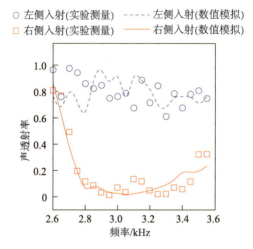

图 5.20 实验测量与数值模拟声波通过隔声通道产生的声透射谱

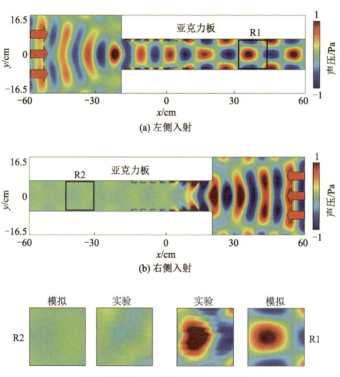

图 5.21 数值模拟频率 **3.2 kHz** 的声波通过单向隔声通道产生的声压场分布
以及实验测量与数值模拟 **R1** 和 **R2** 区域的声压场分布

5.1.6　单向隔声窗

在单向隔声通道的基础上,设计一种单向隔声窗结构如图 5.22。单向隔声窗由 6 片紧贴超表面的叶片及 7 个相同的直通道(宽度 $w = 13$ cm)组成。其中,声学超表面相位延迟分布与图 5.7(a)中离散相位延迟分布一致。图 5.23(a)显示数值模拟声波通过单向隔声窗产生的声透射谱,与单向隔声通道结果类似,在频带 2.89 kHz~3.51 kHz(黑色阴影区域)中,左侧入射对应的声透射率均大于 0.9,而右侧入射对应的声透射率均小于 0.2,其工作带宽约为 600 Hz。

为了展示窗结构的宽带单向隔声机制,按参数 d 从大到小的顺序,依次减少隔声窗中超表面的单元个数,数值模拟隔声窗的声透射谱,如图 5.23(b)。其中 2 个钩状单元的参数 d 取值 4.0 mm 和 13.9 mm;4 个单元的参数 d 取值 4.0 mm、13.9 mm、16.3 mm 及 17.6 mm;6 个单元的参数 d 取值 4.0 mm、13.9 mm、16.3 mm、17.6 mm、18.5 mm 及 19.2 mm。可以看到,随着超表面中钩状单元数的减少,声透射率不断增大,尤其是在低频区域,声透射率增幅较大。此外,当钩状单元数目为 0 时,声透射率(黑色实线)接近 1,隔声效应消失。由此可得,单向隔声窗的宽带特性是由不同参数 d 的钩状单元引起,且低频区域与较大参数 d 对应的钩状单元相关。

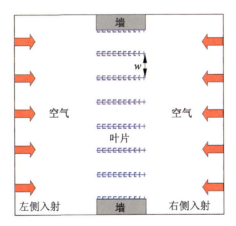

图 5.22　单向隔声窗示意图

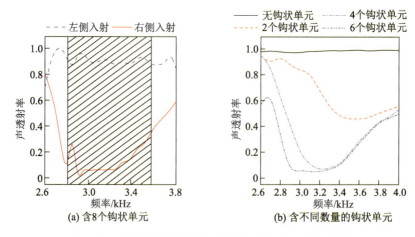

图 5.23　数值模拟声波通过单向隔声窗产生的声透射谱

图 5.24(a)和 5.24(b)显示声波分别从左侧和右侧通过单向隔声窗产生的声压场分布。当声波从左侧入射时，入射声波被隔声窗的通道分为若干束，每束声波均可以通过通道。隔声窗中 7 条通道的透射声波相互叠加，导致透射波阵面非常宽(图 5.24a)。而对于右侧入射的声波，由于声盲区的影响，每束声波均不能通过对应的隔声窗通道，透射声能量几乎为 0(图 5.24b)。所设计的单向隔声窗宽度接近 1.0 m，且可通过增加叶片数目来增加隔声窗宽度。

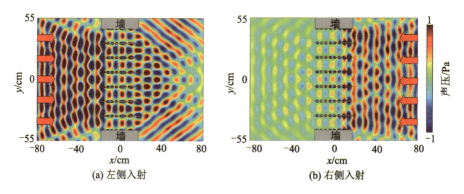

图 5.24　数值模拟频率 3.2 kHz 的声波通过单向隔声窗产生的声压场分布

5.1.7　实验测量

下面通过实验测量左侧与右侧入射声波对应的声透射谱，验证单向隔声窗性能。图 5.25 显示包含 5 个叶片的单向隔声窗样品照片。由于实验平台尺寸的限制,样品中声学超表面参数与通道宽度均为图 5.24(a)中的一半。图 5.26 显示实验测量声波通过单向隔声窗的声透射谱,并与数值模拟结果进行比较。可以看到,实验测量与数值模拟结果吻合较好,从而实验验证了所设计的单向隔声窗性能。

图 5.25　单向隔声窗样品照片

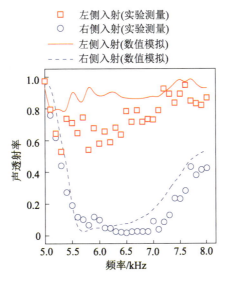

图 5.26　实验测量与数值模拟声波通过单向隔声窗产生的声透射谱

5.1.8　带宽优化

调节声学超表面的相位分布可以增加单向隔声通道的工作带宽。图 5.27 显示优化的声学超表面理论连续和离散相位延迟分布,其中 8 个空心圆对应的钩状单元参数 d 分别为 4.0 mm、6.5 mm、9.0 mm、11.5 mm、14.0 mm、16.5 mm、19.0 mm 及 21.5 mm。可以看到,与图 5.7(a)中的线性相位分布不同,改进的超表面相位延迟梯度分布随位置发生变化。图 5.28 显示基于优化的声学超表面单向隔声通道的声透射谱。可以看出,在频带 2.8 kHz ~ 3.8 kHz 中,左侧与右侧入射声波对应的声透射谱表现出明显的差异,显示出很好的单向隔声性能,其工作带宽大于 1 kHz。图 5.29(a)和 5.29(b)显示频率 3.2 kHz 的声波分别从左侧与右侧通过优化的单向隔声通道产生的声压场分布。当声波从左侧入射时,声波经多重反射后通过通道,可以看出,通道中的声压场分布表现出明显的驻波特征(图 5.29a);而声波从右侧入射时,由于声盲区的存在,声波发生反射,不能到达通道左侧区域(图 5.29b)。

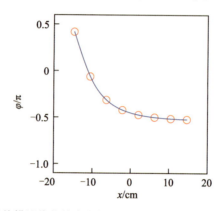

图 5.27 数值模拟优化的声学超表面理论连续和离散相位延迟分布

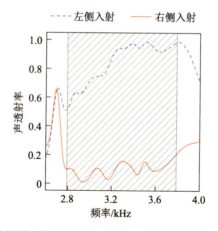

图 5.28 数值模拟声波通过优化的单向隔声通道产生的声透射谱

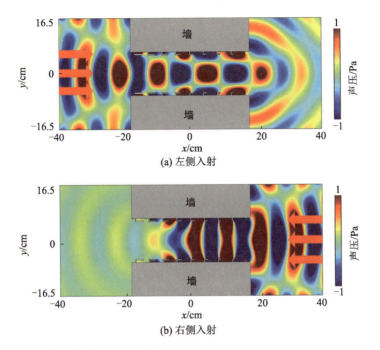

(a) 左侧入射

(b) 右侧入射

图 5.29　数值模拟频率 3.2 kHz 的声波通过优化的单向隔声通道产生的声压场分布

为了解释优化的通道宽带单向隔声机制,将优化的超表面分成两个较短的超表面(分别标记为超表面 1 和 2)。超表面 1 和 2 的长度相同,超表面 1 中 4 个钩状单元参数 d 分别为 4.0 mm、6.5 mm、9.0 mm 和 11.5 mm(分布范围 4.0 mm~11.5 mm),超表面 2 中 4 个钩状单元参数 d 分别为 14.0 mm、16.5 mm、19.0 mm 和 21.5 mm(分布范围 14.0 mm~21.5 mm)。图 5.30 显示声波从右侧入射分别包含超表面 1 和 2 的单向隔声通道产生的声透射谱。可以看出,在频带 2.80 kHz~3.38 kHz(左侧蓝色阴影区域)中,超表面 2 对应的声透射率均低于 0.2;而在较高频带 3.50 kHz~3.94 kHz(右侧红色阴影区域)中,超表面 1 对应的声透射率均低于 0.2。值得注意的是,如图 5.28,包含优化的单向隔声通道的工作频带为 2.8 kHz~3.8 kHz,几乎等于超表面 1 和 2 对应的工作频带的叠加。如图 5.7(a),除参数 d = 4.0 mm 的钩状单元外,超表面的其他钩状单元参数 d 主要分布在 13.9 mm~20.3 mm,与超表面 2 中的单元参数 d 分布范围 14.0 mm~21.5 mm 几乎相同,因此,单向隔声通道的工作频带(2.74 kHz~3.39 kHz,图 5.13 阴影区域)与超表面 2 的工作频带(2.80 kHz~3.38 kHz)基本一致。基于上述结果,优化通道的宽带单向隔声特性与超表面中不同参数 d 的钩状单元分布密切相关,其工作频带中的高频部分与较小参数 d(4.0 mm~11.5 mm)对应的钩状单元紧密相关。

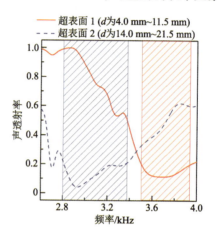

图 5.30 数值模拟声波分别通过包含超表面 1 和超表面 2 的单向隔声通道产生的声透射谱

基于图 5.27 中优化的声学超表面,可以进一步提升单向隔声窗的工作带宽。图 5.31 显示数值模拟优化的单向隔声窗的声透射谱。可以看出,在频带 2.78 kHz~3.90 kHz(黑色阴影区域)中,声波分别从左侧与右侧入射通过隔声窗产生的声透射谱表现出明显的单向隔声效应。与图 5.23(a)相比,优化的单向隔声窗工作带宽明显增大,相对带宽可以达到 36%。图 5.32(a)和 5.32(b)分别显示数值模拟声波分别从左侧和右侧通过优化的单向隔声窗产生的声压场分布。可以看到,声波分别从左侧与右侧入射通过隔声窗产生的声压场分布与图 5.24(a)和 5.24(b)几乎相同。

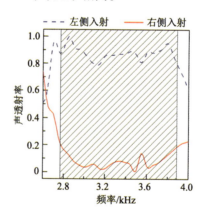

图 5.31 数值模拟声波通过优化的单向隔声窗产生的声透射谱

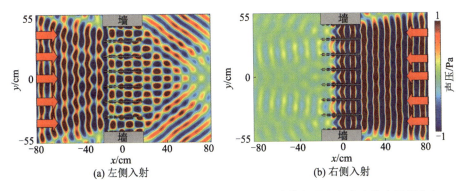

(a) 左侧入射　　　　　　　　　　　　(b) 右侧入射

图 5.32　数值模拟频率 3.2 kHz 的声波通过优化的单向隔声窗产生的声压场分布

5.2　基于超表面的可调控全方位双向隔声窗

5.2.1　单元结构

如图 5.33,单元结构采用 5.1 节中的超薄钩状单元[146],单元长度、腔的深度、壁厚、钩的厚度及长度分别为 l、b、e、t 和 d,其反射相位延迟可以通过调节参数 d 和 t 进行调控,但单元总厚度$(t + b = 11.0 \text{ mm})$保持不变,其他参数见表 5.2。

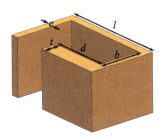

图 5.33　钩状单元示意图

表 5.2　单元结构参数

l/mm	e/mm
20.0	1.5

图 5.34 显示数值模拟频率 3.5 kHz 的声波垂直激发钩状单元产生的反射相位延迟与声反射率随参数 d 变化的关系曲线。可以看出,当参数 t =

3 mm 和 $t=9$ mm 时,声反射率几乎不随参数 d 的变化而变化;同时,调节参数 d 和 t,声波反射相位延迟几乎可以覆盖整个 2π 范围。因此,基于图 5.34 中的结果,可以设计出具有任意相位梯度分布的声学超表面。图 5.35 显示超表面 1 的理论连续(实线)和离散(空心圆)相位延迟分布,其相位梯度为 $d\varphi/dx=$ 18.78 rad/m。图 5.35 上侧插图为超表面 1 结构示意图,从左往右 12 个钩状单元参数 d 分别为 5.8 mm、9.0 mm、10.4 mm、11.2 mm、11.8 mm、12.3 mm、12.7 mm、13.1 mm、13.6 mm、14.0 mm、14.5 mm 及 15.2 mm,同时 $t=$ 3.0 mm,其相位延迟分别对应图 5.35 中的 12 个空心圆。

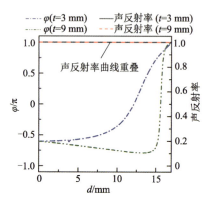

图 5.34 数值模拟声波垂直激发不同参数 d 对应的钩状单元产生的反射相位延迟和声反射率

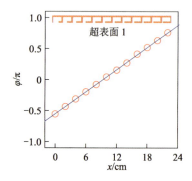

图 5.35 超表面 1 的理论连续(实线)和离散(空心圆)相位延迟分布

5.2.2　声学超表面

基于所设计的超表面 1 的相位调控,可以实现对不同入射角度声波的传播路径操控。如图 5.36,将入射角和反射角分别定义为声波的入射和反射方向与超表面法线的夹角,其中符号"+"和"-"分别表示声波向右和向左传播。因此,入射声波 I_1、I_2、I_3、I_4、I_5 的入射角度分别为 60°、30°、0°、-30°和-60°。根据式(5.1),当反射角达到最大值 90°时,对应的入射角为临界角,定义为 θ_c。因此,式(5.1)可以表示为

$$\sin \theta_c + \mathrm{d}\varphi(x)/k\mathrm{d}x = 1 \tag{5.2}$$

在超表面 1 中,其 $\mathrm{d}\varphi/\mathrm{d}x = 18.78$ rad/m,当声波频率为 3.5 kHz 时,根据式(5.2)可以得到临界角 $\theta_c = 45°$。基于临界角 θ_c,可以将入射声波分为两种类型。当入射角 θ_i 大于 θ_c 时(图 5.36 中的蓝色区域),式(5.1)不成立,无法得到反射角 θ_r。图 5.37 显示数值模拟声波 $I_1(\theta_1 = 60°)$ 入射到超表面 1 产生的反射声压场分布,其中白色空心箭头为反射声波传播方向。可以看到,反射声波以-90°方向向左传播,表明声波 I_1 被直接反射回左侧,无法到达超表面 1 的右侧。因此,蓝色区域被定义为声盲区,其范围为 $\theta_c \sim 90°$。当入射角小于 θ_c 时(图 5.36 中的黄色区域),根据式(5.1)可以得到反射角。入射声波 $I_2 \sim I_5$ 的理论反射角分别为 52.5°、17°、-11.9°和 -35°。图 5.38 显示数值模拟声波 $I_2 \sim I_5$ 入射到超表面 1 产生的反射声压场分布。可以看到,数值模拟与理论计算结果(白色空心箭头)吻合很好,表明基于超表面 1 的相位分布可以实现声传输调控。此外,这里的钩状单元厚度仅为 0.14λ,因此可以用来设计隔声窗叶片。

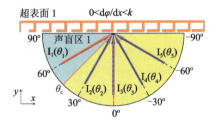

图 5.36　不同入射角度的声波激发超表面 1 示意图

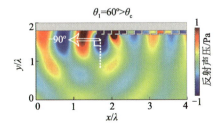

图 5.37　数值模拟频率 3.5 kHz 的声波激发超表面 1 产生的反射声压场分布

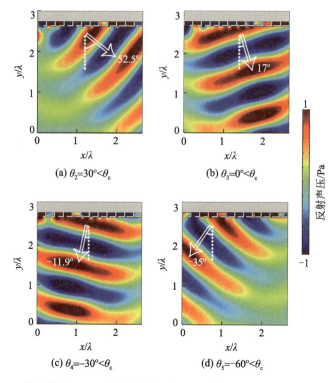

图 5.38　数值模拟不同入射角度的声波激发超表面 1 产生的反射声压场分布

5.2.3　第一类可调控隔声窗

基于超表面 1 构建第一类可调控全方位隔声窗如图 5.39,隔声窗由 7 片叶片排列而成,超表面 1 对称紧贴在叶片两侧,相邻叶片间距为 w,柱面声源分别从左侧和右侧激发入射声波。图 5.40 显示数值模拟参数 w 从 6.0 cm 增大到 13.0 cm 对应的隔声窗声透射率。在数值模型中,外部边界设置为完美匹配层,柱面声源与隔声窗间距为 2.0 cm。分别在有无隔声窗的情况下,对同一透射区域的声能量进行积分,计算两者比值可以得到声透射率。可以看到,在左侧蓝色阴影区域(6.0 cm<w<9.6 cm),左侧和右侧入射对应的声透射率均低于−10 dB,表明透射声能量很弱,声能量无法通过隔声窗。然而,当参数 w 大于 10.3 cm(右侧红色阴影区域)时,左侧和右侧入射对应的声透射率均大于−5 dB,表明声能量可以通过隔声窗。

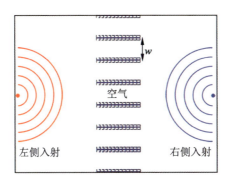

图 5.39　可调控全方位隔声窗示意图

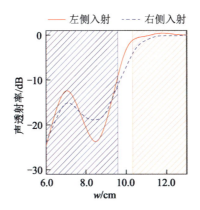

图 5.40　数值模拟频率 3.5 kHz 的声波通过不同参数 w 对应的隔声窗产生的声透射率

为了研究可调控全方位隔声窗性能,分别模拟参数 $w=8.0$ cm 和 12.0 cm 对应的隔声窗声透射谱,如图 5.41(a)和 5.41(b)。当 $w=8.0$ cm 时(图 5.41a),左侧和右侧入射对应的声透射谱几乎相同,在频带 2.30 kHz~4.20 kHz(蓝色阴影区域)中,声透射率均保持在 -10 dB 以下,表现出全方位隔声效应,相对带宽可以达到 58% 左右。当 $w=12.0$ cm 时(图 5.41b),在频带 2.95 kHz~4.20 kHz(红色阴影区域)中,左侧和右侧入射对应的声透射率均大于 -5 dB。

图 5.42(a)和 5.42(b)分别显示数值模拟入射声波分别从左侧和右侧通过 $w=8.0$ cm 的隔声窗产生的声压场分布,图中白色圆点 A 和 B 分别表示柱面声源位置。可以看到,左右两侧柱面声源激发的声能量均不能通过隔声窗,透射声能量很弱。值得注意的是,左侧和右侧入射对应的隔声窗通道中的声压场分布不同,从而表明两种情况对应的隔声机制不同。此外,通过调节参数 w,可以实现全方位隔声功能的开关。例如,当 $w=12.0$ cm 时,左侧和

右侧入射对应的透射声能量非常明显(图 5.42c 和 5.42d),这表明不改变超表面 1 的结构,可以关闭窗结构的全方位隔声功能。

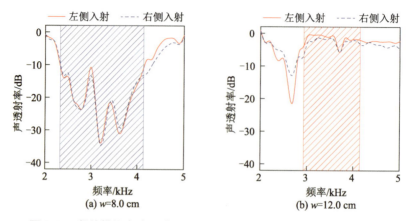

(a) $w=8.0$ cm

(b) $w=12.0$ cm

图 5.41　数值模拟声波通过不同参数 w 对应的隔声窗产生的声透射谱

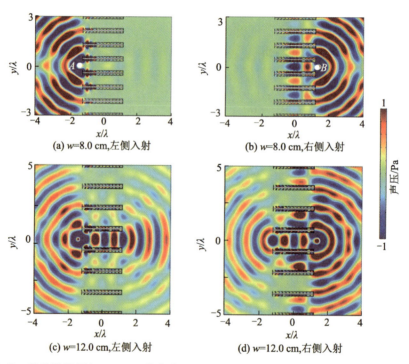

(a) $w=8.0$ cm,左侧入射

(b) $w=8.0$ cm,右侧入射

(c) $w=12.0$ cm,左侧入射

(d) $w=12.0$ cm,右侧入射

图 5.42　数值模拟频率 3.5 kHz 的声波通过不同参数 w 对应的隔声窗产生的声压场分布

5.2.4　物理机制

为了探索窗结构的全方位隔声机制,下面讨论相邻叶片之间的声波传播

路径。设叶片间距为 w_1（w_1 值在图 5.40 中左侧蓝色阴影区域选取），柱面声源的入射角度范围为 $-90° \sim 90°$，为简化分析，考虑声波以临界角分别从左侧与右侧入射的情况。如图 5.43(a)，右侧入射声波 I_1 的临界角为 $-90°$。由式(5.1)可知，随着声波在上下两侧超表面之间的反射次数增加，I_1 的反射角逐渐增大。这主要是由于隔声窗相邻叶片间距 w_1 较小，所以 I_1 通过隔声窗之前，其反射角已到达零或正值，从而导致 I_1 无法到达隔声窗左侧。当右侧入射的声波角度增大时（位于 $-90° \sim 0°$ 之间），其反射角更容易达到零或正值，声波不能通过隔声窗。对于左侧入射的情况，声波 I_2 以临界角 $0°$ 入射，经过上下两侧超表面多次反射，I_2 反射角最终到达声盲区范围 $\theta_{c1} \sim 90°$，因此 I_2 被超表面 1 反射回来。此外，左侧以其他角度入射的声波基于该机制，同样不能通过隔声窗，由此可得，左侧和右侧入射对应的全方位隔声机制不同，从而导致图 5.42(a) 和 5.42(b) 中叶片间的声压场分布不同。

当参数 w_1 逐渐增大到 w_2（w_2 值在图 5.40 中右侧红色阴影区域选取）时，如图 5.43(b)，声波在通道中每两次反射之间的传播距离逐渐增大。因此，右侧入射声波 I_3 在其反射角变为零或正值前，就通过了隔声窗到达左侧。此外，左侧入射声波 I_4 在其反射角增加到声盲区范围前，也通过隔声窗到达右侧。因此，声波可以通过隔声窗，全方位隔声功能被关闭。基于上述分析可知，全方位隔声效应来自叶片上下两侧超表面 1 对右侧入射声波的多重反射和对左侧入射声波对应的声盲区引起，随着叶片间距 w 的增大，两次反射之间的声传播距离增大，从而实现全方位隔声功能的开关切换。

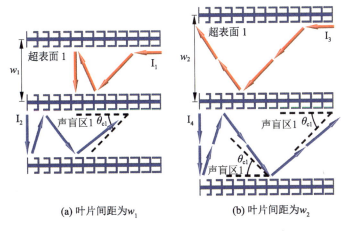

(a) 叶片间距为 w_1　　　　(b) 叶片间距为 w_2

图 5.43　声波在隔声窗通道中的传播路径示意图

5.2.5 第二类可调控隔声窗

第一类可调控隔声窗是通过调节叶片间距 w 来实现全方位隔声功能的开关,然而在一些应用场景,隔声窗高度固定,叶片间距 w 无法调节。为了解决此问题,设计了两种类型的声学超表面(分别标记为超表面 2 和 3),其理论连续(实线)与离散(空心圆)相位分布如图 5.44,其中超表面 2($0 \leqslant x \leqslant 0.1$ m)中的 6 个单元的参数 d 分别为 14.1 mm、16.7 mm、2.3 mm、11.0 mm、12.8 mm 及 14.3 mm,第 3 个单元 $t=9.0$ mm,其他单元 $t=3.0$ mm;超表面 3(0.12 m $\leqslant x \leqslant 0.22$ m)中的 6 个单元的参数 d 分别为 13.6 mm、13.8 mm、14.0 mm、14.2 mm、14.4 mm 及 14.7 mm,参数 $t=3.0$ mm,对应的相位梯度 $d\varphi(x)/dx$ 分别为 64.11 rad/m 和 8.59 rad/m。基于超表面 2 和 3 构建复合超表面,图 5.45(a)和 5.45(b)分别显示两侧紧贴复合超表面的两种类型叶片(分别标记为叶片 A 和 B)示意图,其中叶片 A 绕虚线旋转 180°即可得叶片 B。基于叶片 A 和 B 设计第二类全方位隔声窗(图 5.46a),其中参数 $w=10$ cm 保持不变,叶片 A 可沿 x 方向水平移动。图 5.46(b)显示叶片 A 向右移动距离 a 后的隔声窗示意图。由于窗结构具有左右对称性,这里只讨论声波左侧入射的情况。

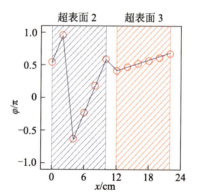

图 5.44 基于超表面 2 和 3 组成的复合超表面理论连续与离散相位分布

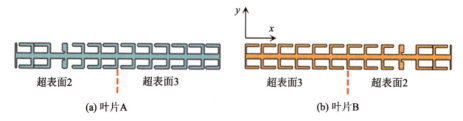

图 5.45 叶片 A 和 B 示意图

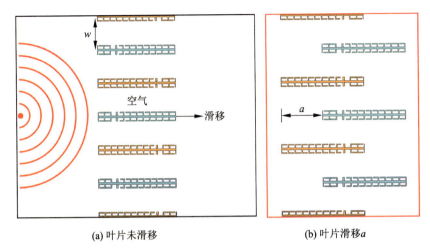

(a) 叶片未滑移　　　　　　　(b) 叶片滑移 a

图 5.46　叶片 A 未滑移和滑移距离 a 对应的隔声窗示意图

图 5.47(a)显示频率 3.5 kHz 的声波通过第二类全方位隔声窗的声透射率与参数 a 的关系曲线。可以看出,当 a 小于 2.5 cm 时(左侧红色阴影区域),隔声窗声透射率均高于−5 dB,从而表明声能量可以通过隔声窗。随着参数 a 增大,声透射率逐渐减小,在 8.0 cm~16.0 cm 范围(右侧蓝色阴影区域),隔声窗声透射率均小于−10 dB,声波不能通过隔声窗。图 5.47(b)显示声波通过 $a=0$ cm 和 12 cm 对应的隔声窗产生的声透射谱。可以看到,在频带 3.4 kHz~3.6 kHz(黑色阴影区域)范围内,$a=0$ cm 对应的声透射率均高于−5 dB,而 $a=12$ cm 对应的声透射率均低于−10 dB,分别对应窗结构的隔声功能关和开状态。为了研究第二类可调控全方位隔声窗性能,数值模拟频率 3.5 kHz 的声波通过隔声窗产生的声压场分布,如图 5.48。可以看到,当 $a=0$ cm 时(图 5.48a),透射声能量较明显;而 $a=12$ cm 时(图 5.48b),大部分声能量无法通过隔声窗,透射声能量非常微弱,图中白色圆点表示柱面声源位置。上述结果表明水平移动叶片 A 可以实现第二类隔声窗的隔声功能开关切换。

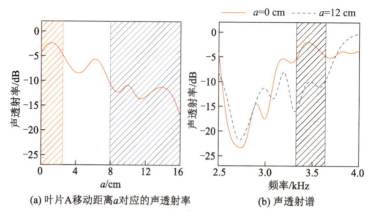

(a) 叶片A移动距离a对应的声透射率   (b) 声透射谱

图 5.47　数值模拟第二类全方位隔声窗的声透射率与叶片 A 移动距离 a 的关系曲线及声波通过不同参数 a 对应的隔声窗产生的声透射谱

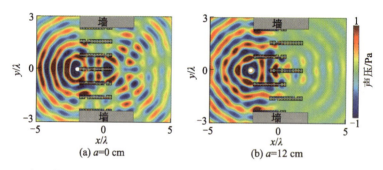

(a) a=0 cm   (b) a=12 cm

图 5.48　数值模拟频率 3.5 kHz 的声波通过第二类全方位隔声窗产生的声压场分布

5.2.6　物理机制

下面讨论第二类全方位隔声窗的工作机制,图 5.49(a) 和 5.49(b) 分别显示 a=0 cm 和 12 cm 对应的隔声窗叶片之间的声传播路径,其中声盲区 2 和 3 分别对应超表面 2 和 3。基于超表面 2 和 3 的相位梯度 $\mathrm{d}\varphi(x)/\mathrm{d}x$ 和式(5.2),可以得到超表面 2 和 3 的临界角 θ_{c2} 和 θ_{c3} 分别为 0° 和 60°。因此,超表面 2 和 3 对应的声盲区范围分别为 0°~90° 和 60°~90°。为简化分析,设声波以临界角 90° 入射。当 a=0 cm 时(图 5.49a),沿上侧叶片 B 入射的声波 I_1(红色箭头)首先被超表面 3 反射,基于式(5.1)可得,反射角为 60°。此后,声波入射到下侧叶片 A 的超表面 3,该入射角正好位于声盲区 3 范围的边界,声波不能通过隔声窗。当 I_1 入射角小于 90° 时(蓝色箭头),其反射角在声盲区 3 范围外,因此,声波经叶片 A 的超表面 3 反射后,以正反射角通过隔声窗。

这里由于两种叶片结构的对称性,沿下侧叶片入射声波的反射角为负,因此透射声压场表现为关于 $y=0$ 对称的两条声束(图 5.48a)。当 $a=12$ cm 时(图 5.49b),叶片 A 的超表面 2 滑移到超表面 3 的初始位置。由于声盲区 2 的范围较大,声波 I_2 的反射角一直在声盲区 2 范围,因此,声波不能通过隔声窗。此外,由于声盲区 2 的存在,从叶片 A 侧面入射的声波也不能通过隔声窗。因此,通过平移叶片 A 位置,在不改变窗结构高度的情况下,可以实现全方位隔声窗的隔声功能开关切换。

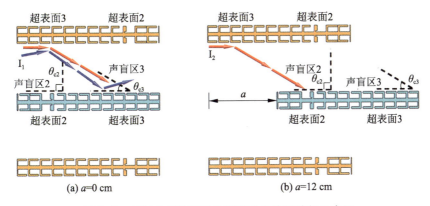

(a) $a=0$ cm　　　　　　　　(b) $a=12$ cm

图 5.49　声波在隔声窗叶片通道中的传播路径示意图

5.2.7　实验测量

为了验证所设计的两类可调控全方位隔声窗的性能,实验测量隔声窗的声透射谱。实验在由两个平行板(尺寸为 2 m×2 m×0.01 m)组成的波导中进行,如图 5.50。波导四周放置楔形吸音棉,构建准消音室。样品放置在波导左侧,柱面声源放置在样品左侧 2.0 cm 处,由功率放大器驱动产生入射声波。此外,采用 1/4 英寸的麦克风测量扫描区域(虚线区域)中的透射声信号。扫描区域的左侧与样品右侧表面间距为 10 cm,其 y 方向宽度与波导宽度相同,x 方向长度为 15 cm。基于 PULSE Labshop 软件,实验扫描各点的声压幅值。

基于公式 $T = \dfrac{\int A_1^2 \mathrm{d}s}{\int A_2^2 \mathrm{d}s}$ 计算样品的声透射率,并转换为分贝形式表示,其中,A_1 和 A_2 分别为测量有无样品时,实验扫描各点的声压幅值。

图 5.51(a)和 5.51(b)分别显示 $w_1=4$ cm 和 $w_2=6$ cm 对应的第一类隔声窗样品照片。受限于实验平台尺寸,两种样品尺寸均设置为图 5.42(a)和

5.42(c)结构的一半。图 5.52(a)和 5.52(b)分别显示实验测量与数值模拟两种样品的声透射谱。可以看到,在工作频带(黑色阴影区域)中,实验测量的声透射谱表现出很好的可调控全方位隔声效应,与数值模拟结果吻合很好。然而,在图 5.52(b)中的低频区域,实验测量与数值模拟结果存在着一定的差异,这主要由低频声能量散射和不完全吸收等因素引起。图 5.53(a)和5.53(b)分别显示 $a=0$ cm 和 6.0 cm 对应的第二类隔声窗样品照片,样品尺寸同样设置为图 5.48(a)和 5.48(b)中的一半。图 5.54 显示实验测量与数值模拟的第二类隔声窗的声透射谱。可以看到,实验测量的声透射谱同样表现出全方位隔声效应,与数值模拟结果吻合很好,从而实验验证了两类全方位隔声窗性能与调控的可行性。

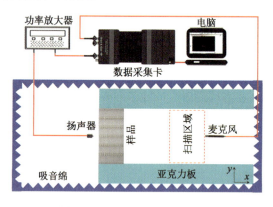

图 5.50　实验测量装置示意图

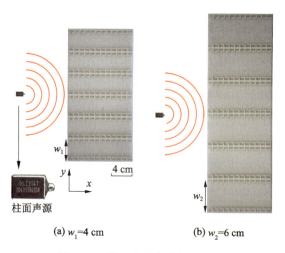

(a) $w_1=4$ cm

(b) $w_2=6$ cm

图 5.51　第一类隔声窗样品照片

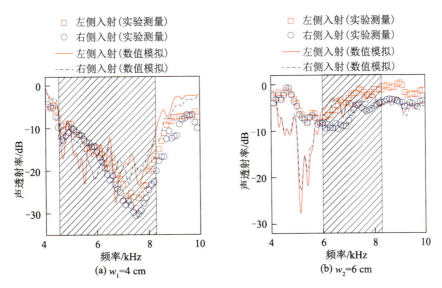

图 5.52　实验测量与数值模拟声波通过 $w_1 = 4$ cm 和 $w_2 = 6$ cm 对应的
第一类隔声窗产生的声透射谱

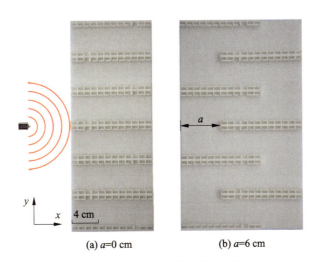

图 5.53　第二类隔声窗样品照片

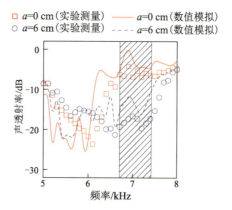

图 5.54　实验测量与数值模拟声波从左侧通过第二类隔声窗产生的声透射谱

5.3　基于低频超表面的低反射通风型双向隔声通道/窗

5.3.1　单元结构

图 5.55 显示所设计的低频超薄蜷曲通道单元[166]，单元长度、厚度、壁厚及通道宽度分别为 l、h、e 和 w，中心横向平板长度为 d，改变参数 d 可以调控单元的反射声波相位延迟。数值模拟单元的声反射性能，数值模型设置见 3.1.2 节，单元结构参数见表 5.3。

表 5.3　单元结构参数

l/cm	h/mm	e/mm	w/mm
7.0	28.5	1.5	6.0

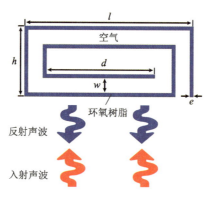

图 5.55　低频超薄蜷曲通道单元示意图

　　图 5.56 显示数值模拟频率 370 Hz 的声波垂直激发单元产生的声反射相位延迟与参数 d 的关系曲线。可以看到,随着参数 d 增大,声反射相位延迟可以覆盖整个 2π 范围,因此,基于此类单元可以设计具有任意相位梯度的低频反射声学超表面。

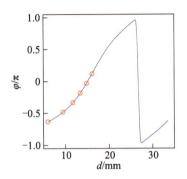

图 5.56　频率 370 Hz 的声波垂直激发不同参数 d 对应的单元产生的声反射相位延迟

5.3.2　声学超表面

　　图 5.57(a)为基于蜷曲通道单元构建的声学超表面,它由 6 个具有不同参数 d 的单元构成,6 个单元的参数 d 从左向右依次为 16.1 mm、14.8 mm、13.4 mm、11.7 mm、9.4 mm 和 6.0 mm,分别对应图 5.56 中的 6 个空心圆。超表面的理论连续(实线)和离散(空心圆)反射相位延迟分布如图 5.57(b),可以看出,声学超表面相位梯度为 $\mathrm{d}\varphi/\mathrm{d}x = -k = -6.8$ rad/m(声波 $f = 370$ Hz)。

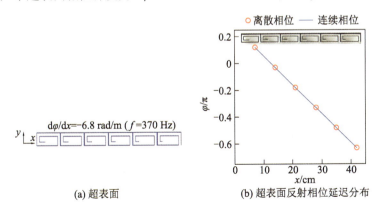

(a) 超表面　　　　　　　(b) 超表面反射相位延迟分布

图 5.57　基于蜷曲通道单元的声学超表面及其反射相位延迟分布

　　图 5.58(a)~(f)显示不同入射角度声波激发超表面产生的反射声波传播路径示意图,其中声波入射角 θ_i 和反射角 θ_r 分别为声波入射方向和反射方

向与超表面法线方向的夹角,角度的"+""−"分别对应声波向右和向左传播。根据广义斯涅尔定律,将超表面相位梯度 $d\varphi/dx = -k$ 代入式(5.1)可得

$$\sin\theta_r = \sin\theta_i - 1 \tag{5.3}$$

根据式(5.3),当入射角 θ_i 分别为90°、30°和0°时,理论计算对应的反射角 θ_r 分别为0°、−30°和−90°,其传播路径分别如图5.58(a)、5.58(c)和5.58(e)。此外,随着入射角从90°减小到30°,对应的反射角从0°变化到−30°(图5.58b);当入射角从30°减小到0°时,对应的反射角从−30°变化到−90°(图5.58d)。根据上述结果可以看出,入射角在 $0° \leqslant \theta_i \leqslant 90°$ 范围的声波不能传播到超表面右侧,因此将右侧区域标记为声盲区。当入射声波在声盲区时,对应的入射角度为 $-90° \leqslant \theta_i < 0°$,根据式(5.3),可以得到 $\sin\theta_r < 1$,从而表明入射声波不是被超表面反射,而是被转换成表面倏逝波[137](图5.58f)。

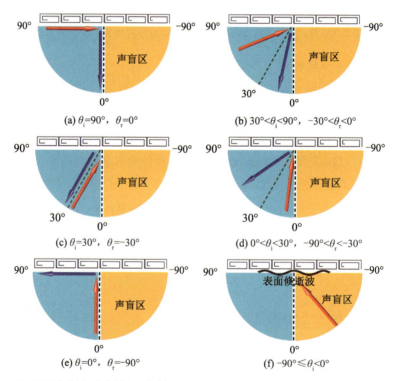

图5.58 不同入射角度声波(红色箭头)激发声学超表面产生的反射声波(蓝色箭头)传播路径示意图

5.3.3 双向隔声通道

图5.59显示所设计的低频双向隔声通道示意图,它由一对相同的超表面

对称紧贴在通道上下两侧表面构成,通道宽度 $H = 34.3$ cm,柱面声源放置在 O 点或 O' 点,与通道端口间距为 10.0 cm。图 5.60(a)和 5.60(b)分别显示数值模拟声波通过双向隔声通道产生的声透射谱和声反射谱,可以看到,当声源放置在 O 点或 O' 点时,对应的声透射谱几乎相同(图 5.60a),在频带 337 Hz~356 Hz(黑色阴影区域)中,声透射率均低于 -10 dB,且在 343 Hz 处最低,约为 -27 dB,表现出典型的低频双向隔声效应。此外,超表面厚度 h 为 28.5 mm,约为工作波长的 1/35,具有超薄特性。值得注意的是,两种情况对应的入射声能量仅部分被反射(图 5.60b),显示出低反射特性,且声源放置在 O' 点对应的声反射率明显低于声源放置在 O 点的结果,从而表明通道对左侧和右侧入射声波的调控机制不同。

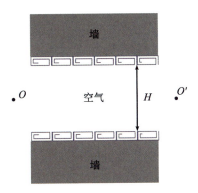

图 5.59　低频双向隔声通道示意图

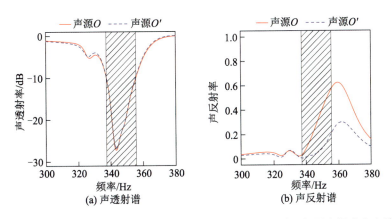

(a) 声透射谱　　　(b) 声反射谱

图 5.60　数值模拟柱面声源分别放置在 O 点和 O' 点通过双向隔声通道产生的
声透射谱和声反射谱

5.3.4 物理机制

下面基于超表面对声传播的操控(图5.58)分析入射声波在双向隔声通道中的理论传播路径。如图5.61(a),左侧掠入射($\theta_i = 90°$)的声波I_1首先被通道上侧超表面反射到下侧($\theta_r = 0°$),然后被下侧超表面反射回到通道左侧($\theta_r = -90°$)。而入射角$0° < \theta_i < 90°$的声波I_2从左侧入射时(图5.61b),首先被通道的上侧超表面反射到下侧($\theta_r < 0°$),此时反射声波在下侧超表面的声盲区,所以声能量被转换为倏逝波。图5.61(c)与5.61(d)分别显示入射角$-90° < \theta_i < 0°$的声波I_3和I_4从右侧入射通过双向隔声通道对应的声传播路径,可以看到,声波I_3和I_4分别在通道上侧和下侧超表面的声盲区范围,声波被超表面转换为倏逝波。基于上述结果可知,通道的双向隔声效应来自两侧超表面的声反射和声盲区。

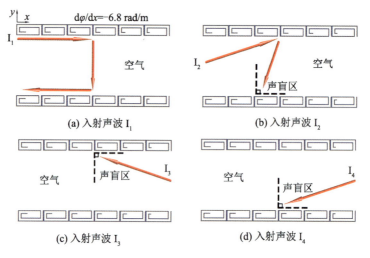

(a) 入射声波I_1 (b) 入射声波I_2

(c) 入射声波I_3 (d) 入射声波I_4

图5.61　入射声波在双向隔声通道中的传播路径示意图

为了分析双向隔声通道的低反射特性,数值模拟频率343 Hz的柱面声源分别放置在O点和O'点激发通道产生的总声压场及其对应的反射声压场分布,如图5.62,白色圆点表示声源位置,可以看到,左侧和右侧入射的声波均不能通过通道,表现出良好的双向隔声特性。此外,两种情况下均存在声反射,其中声源放置在O'点对应的反射声能量明显弱于放置在O点的情况,从而说明声波从左侧与右侧通过通道具有低反射特性,尤其是右侧入射的声波。与图5.60(b)中的结论一致。

　　图 5.63(a)和 5.63(b)显示数值模拟上述两种情况对应的通道上下两侧超表面的热黏损耗能量密度场分布。可以看出,当声波从左侧入射时,热黏损耗主要分布在通道左侧 3 对单元的蜷曲通道中(图 5.63a),从而验证了图 5.61(a)和 5.61(b)的分析,隔声效应是由超表面的声反射和声盲区引起。对右侧入射的声波,热黏损耗几乎出现在所有单元的蜷曲通道中(图 5.63b),这主要是因为右侧入射的声波被超表面转换为倏逝波,在超表面的单元中传播并产生热黏损耗,这同样验证了图 5.61(c)和 5.61(d)中的分析。因此,左侧入射的声波在超表面单元中产生的热黏损耗明显弱于右侧入射的结果,这与图 5.62 中的反射声能量分布一致。

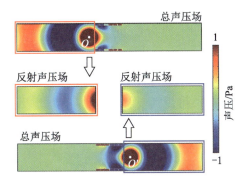

图 5.62　数值模拟频率 **343 Hz** 的柱面声源分别放置在 O 点和 O' 点通过隔声通道产生的总声压场及其反射声压场分布

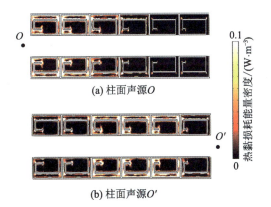

图 5.63　数值模拟频率 **343 Hz** 的柱面声源分别放置在 O 点和 O' 点通过隔声通道超表面产生的热黏损耗能量密度场分布

5.3.5 实验测量

如图 5.64,实验测量在亚克力板制备的直波导中进行,波导尺寸为 2 m× 0.4 m×0.06 m,隔声通道样品放置在波导中间,样品参数与图 5.60(a)相同, 声源放置在波导左侧,通过功率放大器驱动并在波导中产生入射声信号。两 个 1/4 英寸麦克风分别从波导上侧的孔 1,2 和孔 3,4 插入波导内部测量声信 号,测量的声信号分别表示为 p_1、p_2、p_3 及 p_4。设样品左侧的入射声信号为 p_I、 反射声信号为 p_R,样品右侧的透射声信号为 p_T、反射声信号为 p_{R1},孔 1 和孔 2 间距为 s_1,孔 3 和孔 4 间距为 s_2,则麦克风在 4 个孔测量的声信号可表示为[159]

$$p_1 = p_I + p_R \tag{5.4}$$

$$p_2 = p_I e^{-iks_1} + p_R e^{iks_1} \tag{5.5}$$

$$p_3 = p_T + p_{R1} \tag{5.6}$$

$$p_4 = p_T e^{-iks_2} + p_{R1} e^{iks_2} \tag{5.7}$$

联立式(5.4)~(5.7),可得到入射和透射声信号,表示为[159]

$$p_I = \frac{p_1 e^{iks_1} - p_2}{e^{iks_1} - e^{-iks_1}} \tag{5.8}$$

$$p_T = \frac{p_3 e^{iks_2} - p_4}{e^{iks_2} - e^{-iks_2}} \tag{5.9}$$

则样品的声透射系数 $t = |p_T| / |p_I|$,声透射率 $T = |t|^2$,转换为分贝形式表 示为 $10\lg|t|^2$(dB)。

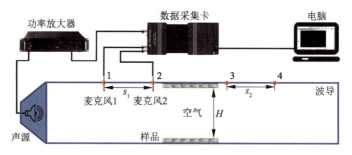

图 5.64　实验测量装置示意图

图 5.65(a)和 5.65(b)分别显示实验测量声波分别从左侧和右侧入射通 过隔声通道产生的声透射谱(空心圆),并与对应的数值模拟结果(实线)进行 比较,可以看到,在两种情况下,通道的隔声性能几乎相同,最低声透射率出

现在 343 Hz 处,约为 -31 dB,实验测量与数值模拟结果吻合很好。

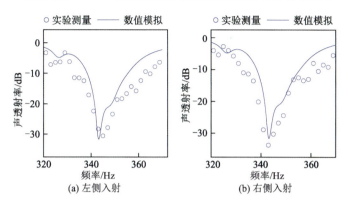

图 5.65　实验测量与数值模拟声波分别从左侧和右侧通过隔声通道产生的声透射谱

5.3.6　双向隔声窗

基于上述隔声通道设计低反射双向隔声窗,如图 5.66,隔声窗由 7 个相同的隔声通道组成,结构参数与图 5.59 相同,柱面声源放置在 O 点或 O' 点。图 5.67 显示数值模拟柱面声源分别放置在 O 点和 O' 点激发隔声窗产生的声透射谱,可以看到,两种情况对应的隔声窗性能几乎相同,在频带 341 Hz ~ 360 Hz(黑色阴影区域)中,透射率均低于 -10 dB,且在 348 Hz 处达到最小值,约为 -30 dB,表现出较好的低频双向隔声性能。为了进一步研究窗结构的双向隔声性能,数值模拟频率 348 Hz 的柱面声源分别放置在 O 点和 O' 点激发隔声窗产生的总声压场分布,如图 5.68(a) 和 5.68(b)。可以看到,两侧入射的声波均不能通过隔声窗,但空气和热量可以通过隔声窗进行自由交换,表现出良好的全方位低频双向隔声性能。

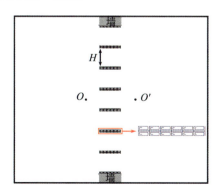

图 5.66　双向隔声窗结构示意图

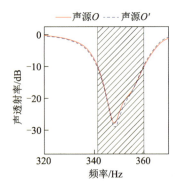

图 5.67   数值模拟柱面声源分别放置在 O 点和 O' 点激发隔声窗产生的声透射谱

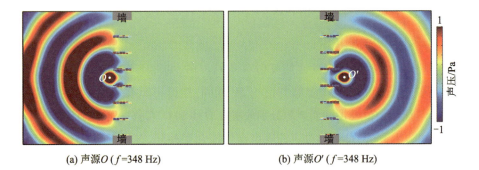

(a) 声源 O (f=348 Hz)   (b) 声源 O' (f=348 Hz)

图 5.68   数值模拟频率 348 Hz 的柱面声源分别放置在 O 点和 O' 点激发隔声窗产生的总声压场分布

5.4   隔声窗在车载泵噪声控制中的应用

5.4.1   车载泵系统

3.4.1 节介绍的应急供水多级泵系统是针对山区和边远灾区应急供水要求设计的,在执行任务时会面临一些突发情况,因此需要泵系统具有在复杂地形进行灵活机动调整的能力。为满足该要求,将所设计的应急供水多级泵系统与移动载具结合,构建车载泵系统,其底盘车采用上汽依维柯红岩商用车有限公司的 CQ3257HL4 型 6×4 自卸车底盘进行改装,其特点是行驶性能好、具有越野能力且稳定性高。泵车结构的主视图和俯视图分别如图 5.69 和图 5.70,图 5.71 为泵车实物照片。

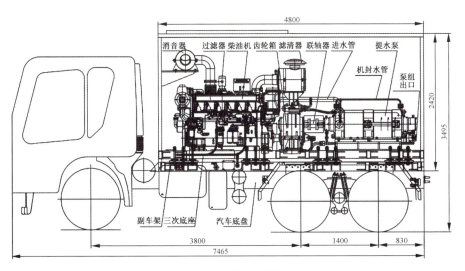

图 5.69 泵车结构主视图(单位:mm)

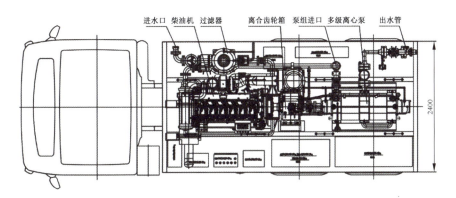

图 5.70 泵车结构俯视图(单位:mm)

图 5.71 泵车实物照片

5.4.2　单元结构

由于车厢空间狭窄,因此车载泵工作时,除了需要满足生态友好的要求,还要兼顾通风散热的需求。为了控制车载泵系统噪声,针对其噪声频带(图 3.50)设计一种超薄蜷曲单元,图 5.72 为超薄蜷曲空间单元结构示意图,单元长度和厚度分别为 a 和 b,壁厚为 e,通道宽度为 w,下侧平板长度为 d,调节参数 d 即可以调控单元的声反射相位延迟。数值模拟该单元结构的声反射性能,单元结构参数见表 5.4。图 5.73(a) 与 5.73(b) 分别显示数值模拟频率 1300 Hz ($w=1.0$ mm) 与 2000 Hz ($w=1.5$ mm) 的声波垂直激发蜷曲空间单元产生的声反射相位延迟与参数 d 的关系曲线。可以看到,两种情况下,随着参数 d 增大,单元的声反射相位延迟可以覆盖整个 2π 范围。

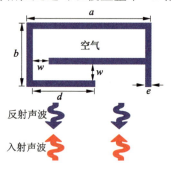

图 5.72　超薄蜷曲空间单元结构示意图

表 5.4　单元结构参数

$a/$cm	$b/$cm	$e/$mm
2.0	1.0	1.0

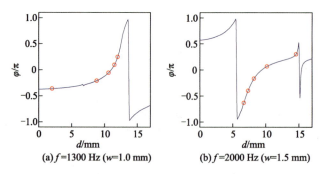

图 5.73　数值模拟声波垂直激发不同参数 d 对应的蜷曲空间单元产生的声反射相位延迟

5.4.3　声学超表面

图 5.74(a)显示所设计的双相位梯度反射声学超表面,该超表面由 10 个不同参数 d 的单元组成,从左向右参数 d 依次为 12.0 mm、11.5 mm、10.6 mm、8.8 mm、2.0 mm、14.5 mm、10.2 mm、7.3 mm、8.2 mm 及 6.7 mm,分别对应图 5.73(a)与 5.73(b)中的 10 个空心圆。声学超表面的理论连续(实线)和离散(空心圆)反射相位延迟分布如图 5.74(b),可以看出,超表面左侧部分的相位梯度 $d\varphi/dx = -23.8$ rad/m($f = 1300$ Hz),右侧部分的相位梯度 $d\varphi/dx = -36.6$ rad/m($f = 2000$ Hz)。

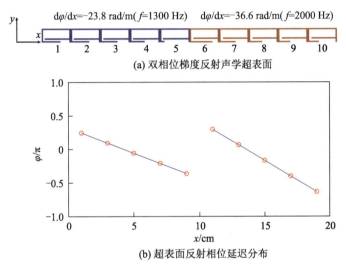

(a) 双相位梯度反射声学超表面

(b) 超表面反射相位延迟分布

图 5.74　双相位梯度声学超表面及其反射相位延迟分布

5.4.4　车载泵双向隔声窗

图 5.75 显示所设计的双向隔声窗结构。隔声窗由 7 个叶片组成,叶片间距为 l,每个叶片由两个相同超表面对称紧贴组成,将其旋转角度 θ 进行安装;隔声窗厚度为 h。所设计的隔声窗结构参数见表 5.5。

将所设计的隔声窗应用到车载泵的通风隔声车厢壁上。图 5.76 显示所设计的车载泵通风隔声车厢壁结构示意图。车厢平面尺寸为 4.8 m×2.4 m,泵系统安装在车厢中央,车厢左右两侧采用所设计的隔声窗结构,车厢内壁采用 3.4.2 节设计的基于复合单元的超薄宽带消声墙结构,它由 166 组复合单元在车厢壁前周期排列而成,以吸收泵系统的工作噪声,减弱车厢壁对噪声的反射。车厢壁总厚度仅为 14.2 cm。

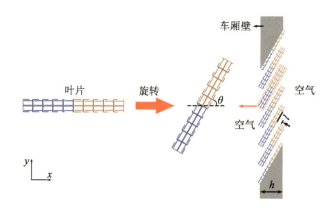

图 5.75　通风隔声车厢壁及其双向隔声窗示意图

表 5.5　隔声窗结构参数

l/cm	$\theta/(°)$	h/cm
2.0	60	10.0

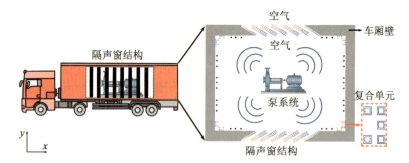

图 5.76　车载泵通风隔声车厢壁结构示意图

下面数值模拟车载泵通风隔声车厢壁的性能,采用由 4 个柱面声源构成的声源阵列模拟泵系统的噪声源。图 5.77 显示数值模拟车载泵通风隔声车厢壁的声透射谱。可以看到,在频带 1195 Hz～2310 Hz(黑色阴影区域)中,声透射率均低于 0.1,相对带宽达到 63.6%,表现出宽带隔声效应,其工作频带可以完全覆盖车载泵的噪声频带。为了进一步研究所设计的车载泵通风隔声车厢壁的性能,数值模拟频率 1480 Hz(图 5.78)和 1790 Hz(图 5.79)的声波通过隔声车厢壁产生的总声压场分布,图中白色圆点表示声源位置,右侧插图分别为 R1 和 R2 区域放大图。可以看到,两种频率下泵系统的噪声无法通过隔声窗传播到车外。由于空气、热量和光线等介质仍可以通过隔声窗在车厢内外空间进行自由交换和传播,从而说明所设计的隔声车厢壁具有良好的通风隔声性能。

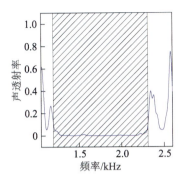

图 5.77　数值模拟声波通过车载泵通风隔声车厢壁产生的声透射谱

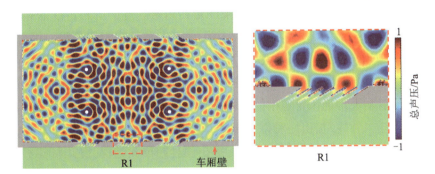

图 5.78　数值模拟频率 1480 Hz 的声波通过隔声车厢壁产生的总声压场分布

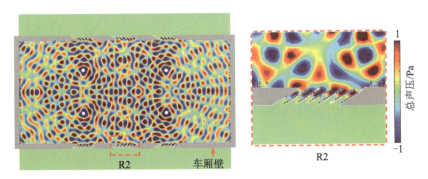

图 5.79　数值模拟频率 1790 Hz 的声波通过隔声车厢壁产生的总声压场分布

第6章 宽带消声管道设计及其在泵房通风管道中的应用

通风管道是泵房的基本工程结构,具有交换泵房内外空气及调节泵房温度等方面的功能,同时也会造成泵系统的噪声外泄。近年来,基于声学人工结构的隔声与消声管道设计已成为噪声控制领域的研究热点之一,目前已有的隔声与消声管道主要基于相干吸声体[90, 91]、谐振薄膜结构[168-170]及亥姆霍兹谐振腔[112, 167]等结构设计。然而,基于相干吸声体需要精确设计消声管道的损耗因子分布,基于谐振薄膜结构需要具有一定稳定性的薄膜张力,从而给隔声与消声管道的设计与制备带来一定的困难。基于亥姆霍兹谐振腔虽然能有效避免类似问题,但存在着结构尺寸大以及频带窄等不足。因此,设计结构简单、具有亚波长尺寸及宽带等特性的隔声与消声管道已成为当前亟须解决的问题,这样的管道在泵房的噪声控制中具有重要的工程应用价值。

本章针对泵房通风管道中的消声降噪问题,设计制备了三种类型的隔声与消声管道。首先,提出一种双蜷曲通道共振单元,实验测量共振单元的吸声性能,分析其吸声机制,在此基础上提出两种超单元结构,设计制备了两种类型泵房消声管道,实现了超低频宽带消声效应。其次,提出一种多腔米氏共振单元,基于两种不同参数的共振单元设计制备了泵房消声管道,并结合单元的模式和管道的声等效电路分析相关的物理机制。此外,通过组合多个不同参数的单元,设计实现了宽带泵房消声管道,并进行了实验验证。最后,提出一种基于两对大小不同的三角形空腔的泵房单向隔声管道,利用三角形腔的多重散射机制实现了单向隔声效应。本章中所设计的隔声与消声管道为泵房通风管道的噪声控制提供了新思路,在建筑声学和消声降噪领域具有一定的应用前景。

6.1 基于双蜷曲通道共振单元的宽带消声管道

6.1.1 单元结构

如图6.1(a),消声结构由周期性排列在墙壁前的双蜷曲通道共振单元组成[171]，相邻单元及单元与墙壁间距分别为 D 和 d。图 6.1(b) 为所设计的共振单元结构示意图，单元边长为 a，中心是一个矩形空腔，四周环绕两个相同的蜷曲通道，通道宽度为 t，结构壁厚为 e。基于 3D 打印技术，采用环氧树脂打印制备单元，样品照片如图 6.1(c)。

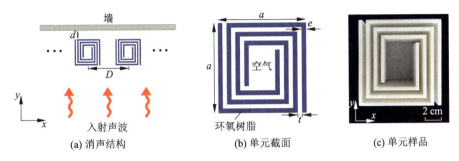

(a) 消声结构　　　　　(b) 单元截面　　　　　(c) 单元样品

图 6.1　消声结构与双蜷曲通道共振单元

6.1.2　数值模型

数值模型设置见 3.1.2 节，单元结构参数见表 6.1。

表 6.1　单元结构参数

D/cm	d/mm	a/cm	e/mm	t/mm
11.0	5.0	10.0	2.0	2.0

6.1.3　吸声性能

图 6.2 显示实验测量装置示意图，波导尺寸为 1.5 m×0.11 m×0.06 m。图 6.3 显示实验测量声波激发单元产生的声吸收谱，并与数值模拟结果进行比较，可以看到，声吸收谱存在一个吸收峰(73 Hz 处)，对应的声吸收率可以达到 0.98，表现出近完美超低频吸声效应，且在频带 66.4 Hz~79.8 Hz(黑色阴影区域)中，声吸收率均高于 0.5，对应的相对带宽可以达到 18.3%，表现出宽带特性，实验测量与数值模拟结果吻合很好。值得注意的是，单元厚度为 100 mm，约为工作波长的 1/47，具有深度亚波长特性。

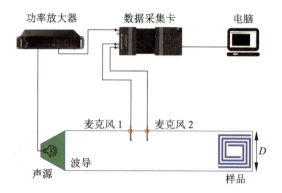

图 6.2　实验测量装置示意图

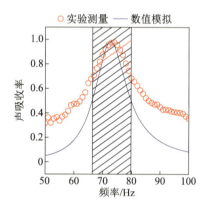

图 6.3　实验测量与数值模拟声波激发单元产生的声吸收谱

6.1.4　物理机制

下面对单元的吸声机制进行分析。将所设计的消声结构看作单层厚度为 $(a+d)$ 的均匀平板介质，根据等效介质理论，其反射系数 r 和相对等效体积模量 E_1/E_0 关系表示为[104]

$$r = \frac{1 - \mathrm{i}k_0(a+d)\dfrac{E_1^{-1}}{E_0^{-1}}}{1 + \mathrm{i}k_0(a+d)\dfrac{E_1^{-1}}{E_0^{-1}}} \tag{6.1}$$

式中，k_0 为空气中的波数，E_1 和 E_0 分别为等效介质和空气体模量。这里不考虑声透射，声吸收率 $\alpha = 1 - |r|^2$，可得完美声吸收条件 $(\alpha = 1)$ 表示如下

$$\frac{E_1}{E_0} = \mathrm{i}\frac{2\pi f(a+d)}{c_0} \tag{6.2}$$

图 6.4 显示数值模拟等效介质的相对等效体积模量 E_1/E_0 的实部 $\mathrm{Re}(E_1/E_0)$ 和虚部 $\mathrm{Im}(E_1/E_0)$,其中 $E_0 = 1.42 \times 10^5$ Pa。可以看到,实部和虚部在频率 73 Hz 处分别可以达到 0 和 0.16,接近完美声吸收条件 $\mathrm{Re}(E_1/E_0) = 0$ 和 $\mathrm{Im}(E_1/E_0) = 0.14$,从而表明所设计的消声单元是一种近完美超低频吸声材料,入射声能量均被吸收到单元内部。图 6.5(a)~(c)分别显示数值模拟频率 73 Hz 的声波(箭头)垂直激发单元产生的声压幅值场、空气速度场和热黏损耗能量密度场分布。可以看到,吸收声能量集中在单元中心空腔(图 6.5a),从而导致蜷曲通道两侧出现较大的声压差及较快的空气流动速度(图 6.5b),同时在通道中产生较强的热黏损耗(图 6.5c)。因此,单元相对等效体积模量接近完美吸声条件,声能量被吸收到单元内部,并在蜷曲通道中产生热黏损耗,实现了声能量耗散。

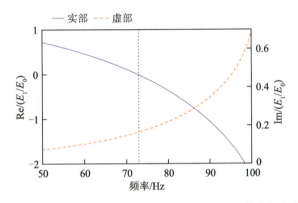

图 6.4 数值模拟单元的相对等效体积模量 E_1/E_0 的实部和虚部

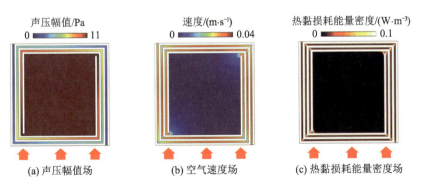

(a)声压幅值场 　　(b)空气速度场 　　(c)热黏损耗能量密度场

图 6.5 数值模拟频率 **73 Hz** 的声波垂直激发单元产生的场分布

下面研究单元通道宽度 t 和声波入射角度 θ 对吸声性能的影响。图 6.6 显示数值模拟声波垂直激发不同参数 t 对应的单元产生的声吸收谱,其他条件与图 6.3 相同。可以看到,随着参数 t 增加,单元工作频带向高频区域移动,同时保持高性能吸声效应。图 6.7 显示数值模拟入射角度 θ 为 30°、70° 和 80° 的声波激发单元产生的声吸收谱,其中 θ 定义为声波入射方向和单元表面法线方向的夹角。可以看到,随着 θ 增大,吸收峰向高频区域略微移动,且当 $\theta=80°$ 时,峰值的声吸收率仍能达到 0.6,表明所设计的单元在消声管道中应用具有一定的可行性。

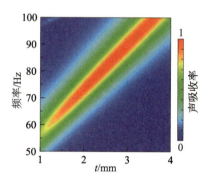

图 6.6　数值模拟声波垂直激发不同参数 t 对应的单元产生的声吸收谱

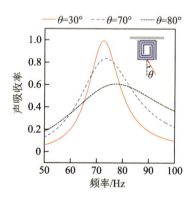

图 6.7　数值模拟不同入射角度声波激发单元产生的声吸收谱

6.1.5　泵房消声管道

基于双蜷曲通道共振单元设计超低频泵房消声管道,其二维截面结构如图 6.8(a)。所设计的消声管道由 2 个相同超单元 I 构成,相邻超单元间距为 $2L$,管道宽度为 w。每个超单元 I 由 3 个相同的共振单元组成,如图 6.8(b),两个单元对称放置在管道两侧,与另一个单元间距为 L,每个单元的 3 侧被外框包围,外框宽度为 D,单元与外框间距为 d。右侧插图为超单元 I 的样品。

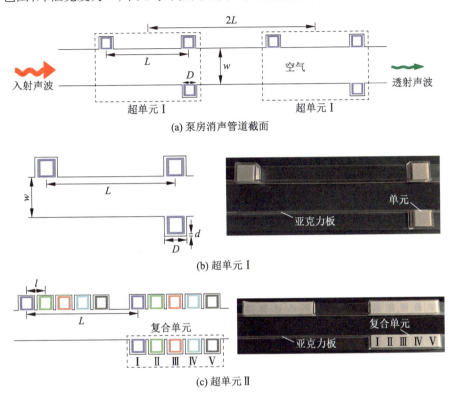

(a) 泵房消声管道截面

(b) 超单元 I

(c) 超单元 II

图 6.8　泵房消声管道、超单元 I 及超单元 II 结构示意图

　　下面实验测量泵房消声管道的吸声性能。实验测量装置如图 6.9,采用 4.2.3 节所述的测量方法。图 6.10 显示实验测量与数值模拟左侧入射声波通过消声管道产生的声吸收谱,其中参数 $L=1.1$ m, $w=0.2$ m, $D=11$ cm 及 $d=5$ mm,双蜷曲通道共振单元参数与图 6.3 相同。可以看到,采用单个超单元 I 对应的声吸收谱如图 6.10(a),在频率 73 Hz 处出现 1 个吸收峰,声吸收率为 0.7;当采用两个超单元 I 时(图 6.10b),声吸收率可以提高到 0.9,且在频带 66.5 Hz~79.0 Hz(黑色阴影区域)中,声吸收率均高于 0.5,相对带宽可以达到 17%,表现出良好的超低频吸声性能,实验测量与数值模拟结果一致。

　　为了优化泵房消声管道的工作带宽,基于图 6.6 的结果设计一种复合单元。该复合单元由 5 个具有不同参数 t 的单元(分别标记为 I、II、III、IV 和 V)组成,相邻单元间距为 l(图 6.8c)。下面以复合单元替代超单元 I 中的单元,构建超单元Ⅱ,如图6.8(c),右侧插图为超单元Ⅱ样品。图6.11显示实验测量与数值模拟左侧入射声波通过宽带消声管道产生的声吸收谱,其中参数l=13.0 cm,单元Ⅰ~Ⅴ的参数t从左到右依次为1.5 mm、2.0 mm、2.5 mm、3.0 mm和3.5 mm,其他参数与图6.10相同。可以看到,当采用单个超单元Ⅱ时(图6.11a),在频带61.7 Hz~104.3 Hz(黑色阴影区域)中,声吸收率均高于0.5,相对带宽达到51.3%,平均声吸收率达到0.76;当采用2个超单元Ⅱ时(图6.11b),相对带宽与平均声吸收率分别可以提高到60.6%和0.87(黑色阴影区域:58.6 Hz~109.6 Hz),从而实现了超低频宽带泵房消声管道的设计。

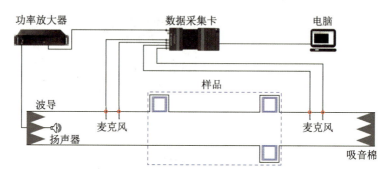

图6.9　实验测量装置示意图

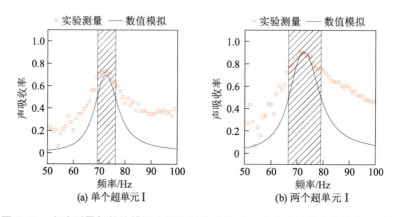

图6.10　实验测量与数值模拟左侧入射声波通过泵房消声管道产生的声吸收谱

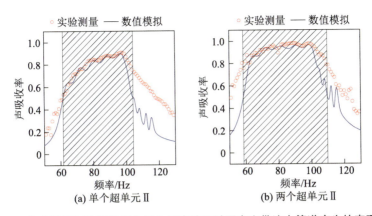

(a) 单个超单元 Ⅱ   (b) 两个超单元 Ⅱ

图 6.11 实验测量与数值模拟左侧入射声波通过泵房宽带消声管道产生的声吸收谱

6.2 基于多腔共振单元的宽带消声管道

6.2.1 单元结构

多腔共振单元结构由环形多腔结构和三侧外框组成,其照片如图 6.12[172],环形多腔结构由中心圆形空气腔与周边环绕的 8 个相同空腔组成,壁厚为 t,内外半径分别为 r 和 R,空腔开口宽度和径向长度分别为 b 和 l,通过 4 条宽度为 w 的对称通道相互连通,外框厚度为 e,单元底边开口宽度为 L。

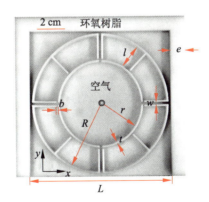

图 6.12 多腔共振单元结构

6.2.2 数值模型

数值模型设置见 3.1.2 节,单元的参数 R、r 和 L 的关系可表示为 $r = R -$

2.0 cm 和 $L=2R+0.4$ cm,其他参数见表 6.2。

表 6.2　单元结构参数

e/mm	t/mm	b/mm	w/mm	l/mm
10.0	1.2	1.2	2.0	17.6

6.2.3　模式分析

图 6.13 显示数值模拟多腔共振单元($R=5.0$ cm)本征模式的声压幅值场和相位场分布。可以看到,单元存在着两种类型本征模式,均具有典型的单极米氏共振模式特征,分别定义为共振模式 I 和 II,其中共振模式 II(282 Hz)中的多腔结构外部声压幅值明显大于共振模式 I(249 Hz),从而表明共振模式 II 中多腔结构和外框的耦合更强。

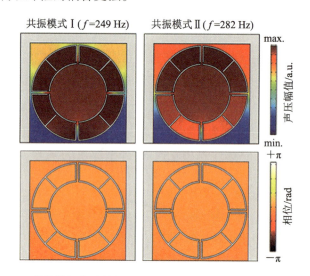

图 6.13　数值模拟多腔共振单元的单极米氏共振模式 I 和 II 场分布

图 6.14(a)和 6.14(b)分别显示数值模拟单元共振模式 I 和 II 的本征频率实部和虚部与参数 R 的关系曲线,其他条件与图 6.13 相同。可以看到,随着参数 R 增大,两种模式的本征频率实部逐渐减小,共振模式 I 的虚部接近于零,且远低于共振模式 II,从而表明共振模式 II 对应的吸声性能强于共振模式 I。

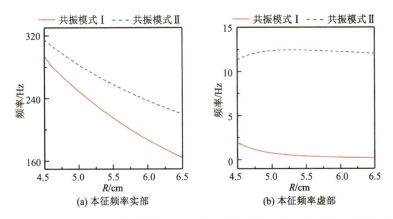

图 6.14　数值模拟单元的共振模式 I 和 II 本征频率实部和虚部与参数 R 的关系曲线

　　图 6.15 显示数值模拟多腔结构(无外框)本征模式的声压幅值场和相位场分布。可以看到,多腔结构同样存在着两种本征模式,同样具有典型的单极米氏共振模式特征,分别定义为共振模式 I′和 II′,共振模式 I′的本征频率实部(257 Hz)与图 6.13 中共振模式 I(249 Hz)接近,但共振模式 II′的本征频率实部(436 Hz)却远高于共振模式 II(282 Hz)。此外,数值模拟共振模式 I′和 II′的本征频率实部与参数 R 的关系曲线,并与共振模式 I 和 II 本征频率实部与参数 R 的关系曲线比较,如图 6.16。可以看到,共振模式 II′的本征频率实部远高于共振模式 II,而共振模式 I′的本征频率实部与共振模式 I 相同,从而表明共振模式 II 来自多腔结构和外框耦合,而共振模式 I 由多腔结构本身决定。

共振模式 I′(f=257 Hz)　共振模式 II′(f=436 Hz)

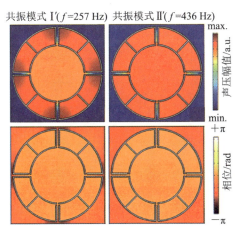

图 6.15　数值模拟多腔结构的单极米氏共振模式 I′和 II′场分布

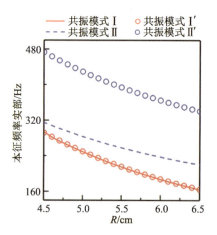

图 6.16　数值模拟单元的共振模式 I′和 II′本征频率实部与参数 R 的关系曲线

图 6.17 显示数值模拟基于外框和两个空腔单元结构的本征模式声压幅值场分布,可以看到,该结构只存在单个本征模式,对应的频率为 251 Hz,与共振模式 I(249 Hz)接近,且声压幅值场分布具有典型的亥姆霍兹谐振特点。图 6.18 显示数值模拟本征频率实部与参数 R 的关系曲线,并与共振模式 I 和 II 的本征频率实部与参数 R 的关系曲线对比,可以看到,其本征频率实部与共振模式 I 相同。因此,共振模式 I 和 I′由单个空腔的亥姆霍兹谐振引起。

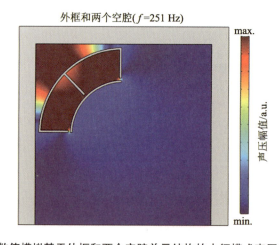

图 6.17　数值模拟基于外框和两个空腔单元结构的本征模式声压幅值场分布

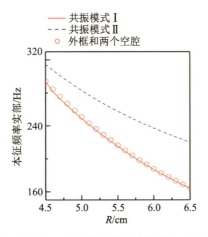

图 6.18　数值模拟基于外框和两个空腔的单元本征频率实部与参数 *R* 的关系曲线

6.2.4　泵房消声管道

　　基于多腔共振单元设计泵房消声管道,图 6.19 为泵房消声管道截面结构示意图,可以看出,消声管道宽度为 *h*,两个具有不同参数 *R* 的多腔共振单元均放置在管道上侧,间距为 *d*。

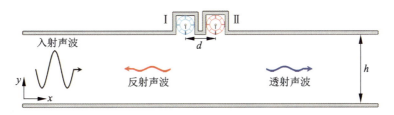

图 6.19　泵房消声管道截面结构示意图

　　图 6.20(a)显示数值模拟声波通过消声管道的声吸收谱,其中参数 $h = 40.0$ cm,$R_{\mathrm{I}} = 4.9$ cm,$R_{\mathrm{II}} = 5.0$ cm 及 $d = 18.5$ cm。可以看到,声吸收谱中出现了 3 个吸收峰(分别标记为 A、B 和 C),分别对应频率 249 Hz、256 Hz 和 282 Hz,吸收峰 C 的声吸收率为 0.98,远高于吸收峰 A 和 B,且在频带 270 Hz ~ 296 Hz(黑色阴影区域)中,声吸收率均高于 0.5,相对带宽为 9.2%。图 6.20(b)显示数值模拟声波通过消声管道产生的声透射谱和声反射谱,可以看到,吸收峰 C 对应的声反射率和声透射率接近于 0,表现出近完美低频吸声性能。此外,消声单元厚度为 11.4 cm,约为工作波长的 1/12。值得注意的是,管道宽度为 40.0 cm,约为单元厚度的 4 倍,因此,所设计的单元可以实现大口径

管道的噪声控制。

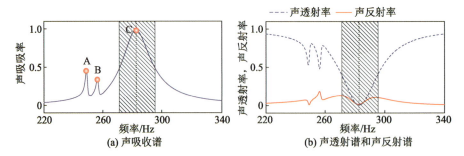

图 6.20 数值模拟声波通过泵房消声管道产生的声吸收谱、声透射谱及声反射谱

6.2.5 物理机制

下面对泵房管道的吸声机制进行分析。图 6.21 显示数值模拟声波激发消声结构产生的单元内部声能量密度场分布,分别对应吸收峰 A、B 和 C。可以看到,对于吸收峰 A 和 B,单元 Ⅱ 和 Ⅰ 的单极米氏共振模式分别被激发,而对于吸收峰 C,两个单元同时被激发。此外,吸收峰 A 和 B 的频率分别接近于单元 Ⅱ(249 Hz)和 Ⅰ(256 Hz)共振模式 Ⅰ 的本征频率,而吸收峰 C 的频率介于单元 Ⅱ(282 Hz)和 Ⅰ(288 Hz)共振模式 Ⅱ 的本征频率之间。因此可得,吸收峰 A 和 B 分别由单元 Ⅱ 和 Ⅰ 的共振模式 Ⅰ 诱导产生,而吸收峰 C 由两个单元的共振模式 Ⅱ 耦合产生。

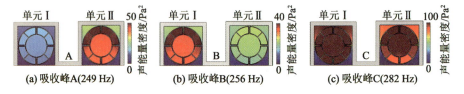

图 6.21 数值模拟声波激发消声结构产生的单元内部声能量密度场分布

下面采用声等效电路理论计算泵房消声管道的相对声阻抗。图 6.22 为泵房消声管道的声等效电路图,其中电源 P_s 表示入射声波,电阻 Z_0 表示管道两侧的空气声阻抗,Z_1 和 Z_2 分别为单元 Ⅰ 和 Ⅱ 的声阻抗,Z_L 表示管道内部单元 Ⅰ 和 Ⅱ 之间的空气声阻抗,Z 为消声管道的总声阻抗。

根据电路图,可以推导 C 和 D 两点之间的声阻抗为

$$Z_{CD} = \frac{Z_2 Z_0}{Z_2 + Z_0} \qquad (6.3)$$

根据传输线阻抗转移公式,可以得到 A 和 B 两点之间的声阻抗为[149]

$$Z_{AB} = Z_0 \frac{Z_{CD} + iZ_0 \tan(kd)}{Z_0 + iZ_{CD} \tan(kd)} \tag{6.4}$$

式中,k 为空气中的波数,则消声管道的总声阻抗为

$$Z = \frac{Z_1 Z_{AB}}{Z_1 + Z_{AB}} \tag{6.5}$$

管道的反射和透射系数分别表示为[149]

$$r = \frac{Z - Z_0}{Z + Z_0} \tag{6.6}$$

$$t = \frac{2ZZ_{CD}}{(Z + Z_0)Z_{AB}} \tag{6.7}$$

由式(6.6)和(6.7)可知,当 $Z_r = Z/Z_0 = 1$,$Z_{CD} = 0$,则 $r = 0$,$t = 0$,吸收率 $\alpha = 1 - |r|^2 - |t|^2 = 1$,可以实现完美声吸收效应。因此,通过调节单元 I 和 II 的间距及其声阻抗,可以实现完美吸声条件。图 6.23 显示数值模拟消声管道相对声阻抗的实部 $\mathrm{Re}(Z_r)$ 与虚部 $\mathrm{Im}(Z_r)$,可以看到,对于吸收峰 C(283 Hz,黑色虚线位置),$\mathrm{Re}(Z_r)$ 接近 1,$\mathrm{Im}(Z_r)$ 接近 0,从而表明消声管道与空气间的阻抗匹配是由两个单元的共振模式 II 耦合激发产生,声能量被消声单元吸收。

图 6.24 显示数值模拟频率 282 Hz 的入射声波(红色箭头)通过泵房消声管道产生的声压幅值场分布,图中细箭头表示声能量流,白色虚线上的声压幅值分布如图 6.25,x_1 和 x_2 分别为单元 I 和 II 的中心位置。可以看出,两个单元的共振模式 II 同时被激发,管道中的声能量均被吸收到单元内部,几乎没有声能量可以到达单元 II 右侧。图 6.26(a)显示数值模拟图 6.24 中 R1 区域的热黏损耗能量密度场分布,图 6.26(b)和图 6.26(c)分别显示数值模拟单元内部 x 和 y 方向的空气速度场分布,右侧放大图分别对应方框 R2、R3、R4 区域。可以看到,热黏损耗主要分布在通道两侧端口,特别是底部的 3 条通道,与较大的空气速度梯度对应的位置相同,表明热黏损耗与空气速度梯度相关。因此,吸收峰 C 的近完美声吸收来自两个单元共振模式 II 的耦合激发,声能量被吸收到单元内部,并在通道内部产生热黏损耗,实现声能量耗散。

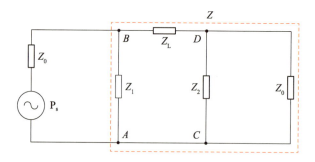

图 6.22 泵房消声管道的声等效电路

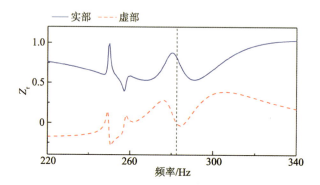

图 6.23 数值模拟泵房消声管道相对声阻抗的实部和虚部

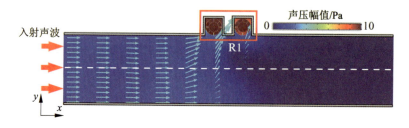

图 6.24 数值模拟频率 282 Hz 的入射声波通过泵房消声管道产生的声压幅值场分布

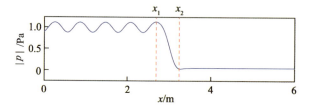

图 6.25 数值模拟图 6.24 中白色虚线上对应的声压幅值分布

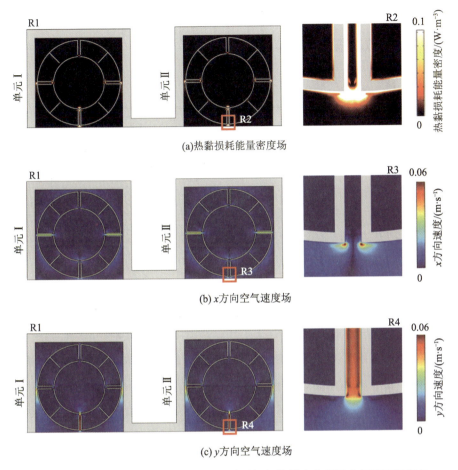

(a)热黏损耗能量密度场

(b) x方向空气速度场

(c) y方向空气速度场

图 6.26　数值模拟图 6.24 中 R1 区域的热黏损耗能量密度场及空气速度场分布

6.2.6　带宽优化

为了优化泵房消声管道工作带宽,基于 6 个具有不同参数 R 的单元构建宽带泵房消声管道,如图 6.27。图 6.28(a)显示数值模拟声波通过宽带泵房消声管道产生的声吸收谱,其中 6 个单元的参数 R 分别为 $R_I = 4.9$ cm,$R_{II} = 5.0$ cm,$R_{III} = 5.2$ cm,$R_{IV} = 5.4$ cm,$R_V = 5.6$ cm 和 $R_{VI} = 5.8$ cm,其他参数与图 6.20 相同。可以看到,在频带 227 Hz~292 Hz(黑色阴影区域)中,声吸收率均高于 0.5,相对带宽可以达到 25%。此外,在频带 240 Hz~280 Hz 中,声吸收率均高于 0.9,声反射率和声透射率接近于 0(图 6.28b),表现出高性能宽带吸声效应。

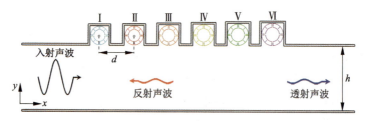

图 6.27　基于 6 个不同参数 R 的单元构建的宽带泵房消声管道

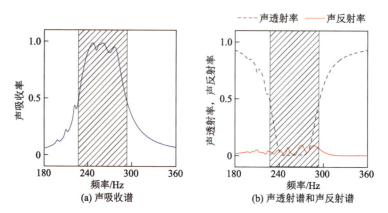

图 6.28　数值模拟声波通过宽带泵房消声管道产生的声吸收谱、透射谱及反射谱

下面基于 13 个不同参数 R 的单元构建宽带泵房消声管道以进一步优化宽带,如图 6.29。图 6.30(a) 和 6.30(b) 分别显示数值模拟声波通过宽带泵房消声管道产生的声吸收谱、声透射谱和声反射谱,其中各单元的参数 R 依次为 $R_I = 4.5$ cm,$R_{II} = 4.6$ cm,$R_{III} = 4.7$ cm,$R_{IV} = 4.8$ cm,$R_V = 4.9$ cm,$R_{VI} = 5.0$ cm,$R_{VII} = 5.1$ cm,$R_{VIII} = 5.2$ cm,$R_{IX} = 5.3$ cm,$R_X = 5.4$ cm,$R_{XI} = 5.5$ cm,$R_{XII} = 5.6$ cm 和 $R_{XIII} = 5.7$ cm,其他参数与图 6.20 相同。可以看到,在频带 204 Hz～326 Hz 中(黑色阴影区域),声吸收率均高于 0.5,相对带宽可以达到 46%,与图 6.28(a) 相比,工作带宽进一步增大。此外,在频带 215 Hz～310 Hz 中,声吸收率均高于 0.9,声反射率和声透射率均接近于 0,实现了高性能宽带吸声效应。

图 6.29　基于 13 个不同参数 R 的单元构建的宽带泵房消声管道

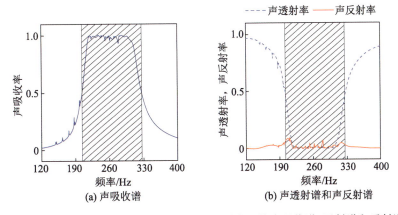

(a) 声吸收谱　　　　　　(b) 声透射谱和声反射谱

图 6.30　数值模拟声波通过宽带泵房消声管道产生的声吸收谱、透射谱和反射谱

6.2.7　实验测量

图 6.31(a)为泵房消声管道的实验测量装置,管道尺寸为 3.0 m×0.4 m× 0.03 m。声源采用基于多个同型号扬声器串联组成的阵列(图 6.31b),通过功率放大器驱动,在消声管道中产生入射声信号。数据采集卡具有 4 个信号传输端口(图 6.31c),可以同时记录 4 个 1/4 英寸麦克风测量的声信号。下面实验测量基于 2 个单元和 6 个单元构建的泵房消声管道的吸声性能,结构参数分别与图 6.20 和图 6.28 相同,基于 3D 打印技术,采用环氧树脂打印制备样品,样品照片如图 6.31(d)和 6.31(e)。

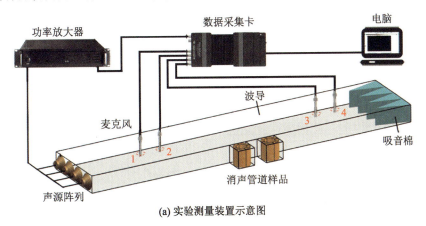

(a) 实验测量装置示意图

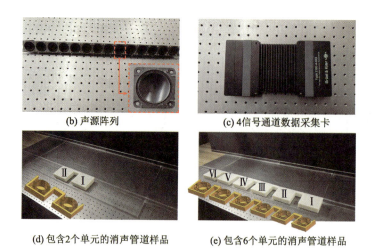

(b) 声源阵列   (c) 4信号通道数据采集卡

(d) 包含2个单元的消声管道样品   (e) 包含6个单元的消声管道样品

图 6.31　实验测量装置及消声管道样品

图 6.32(a)与 6.32(b)分别显示实验测量基于 2 个单元和 6 个单元构建的泵房消声管道的声吸收谱、声反射谱和声透射谱。可以看到,基于 2 个单元构建的消声管道在频带 241 Hz～289 Hz(黑色阴影区域)中,声吸收率均高于 0.5(图 6.32a),相对带宽约为 18.1%;基于 6 个单元构建的消声管道在频带 185 Hz～286 Hz(黑色阴影区域)中,声吸收率均高于 0.5(图 6.32b),相对带宽约为 42.9%。将实验测量与数值模拟结果(图 6.20 和 6.28)进行比较,可以看到,虽然实验测量的工作频带变宽,且向低频区域偏移,但其声吸收谱、声透射谱和声反射谱的总体趋势与数值模拟结果一致,从而实验验证了泵房消声管道的吸声性能。此外,实验测量的工作频带变宽主要是由于采用的入射声信号是连续波,且在波导管左侧的声源阵列和右侧吸音棉处会引起一定的反射,从而导致实验测量的工作频带变宽,此外,工作频带向低频区域偏移主要由 3D 打印的样品结构误差引起。

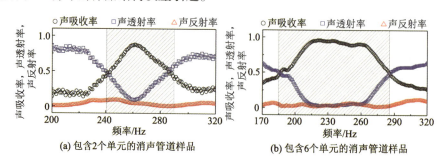

(a) 包含2个单元的消声管道样品   (b) 包含6个单元的消声管道样品

图 6.32　实验测量声波通过泵房消声管道产生的声吸收谱、声透射谱和声反射谱

6.3　基于多重散射机制的单向隔声管道

6.3.1　泵房单向隔声管道

图 6.33 为泵房单向隔声管道截面结构示意图[143]，在管道上、下两侧放置两对大小不同的三角形空腔。管道壁材料为有机玻璃，相应的结构参数见表 6.3，其中有机玻璃密度 $\rho = 1180$ kg/m³，纵波波速 $c_l = 2730$ m/s，横波波速 $c_t = 1430$ m/s；空气密度 $\rho_0 = 1.21$ kg/m³，声速 $c_0 = 343$ m/s。图中箭头分别表示声波从管道左侧与右侧入射。

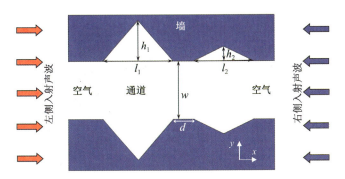

图 6.33　泵房单向隔声管道截面示意图

表 6.3　管道结构参数

h_1/mm	l_1/mm	h_2/mm	l_2/mm	d/mm	w/mm
77.5	155	20	80	30	140

图 6.34 显示数值模拟声波分别从左侧和右侧入射通过单向隔声管道产生的声透射谱。可以看出，在频带 4.32 kHz~4.42 kHz 中，左右两侧入射对应的声透射谱存在着明显差异。当声波从左侧入射时，对应的声透射率很低，在 4.4 kHz 处达到最小值 0.008；当声波从右侧入射时，对应的声透射率高于 0.6，表现出明显的单向隔声效应。为进一步研究该特性，数值模拟频率4.4 kHz 的声波分别从左右两侧入射激发管道产生的声能量密度场分布，如图 6.35(a) 和 6.35(b)。可以看到，当声波从左侧入射时，声波无法通过管道，透射声能量几乎为 0(图 6.35a)；而当声波从右侧入射时，声能量可以通过管道，且透射声波分为两束(图 6.35b)。

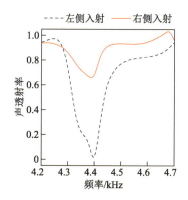

图 6.34   数值模拟声波从左侧和右侧入射通过单向隔声管道产生的声透射谱

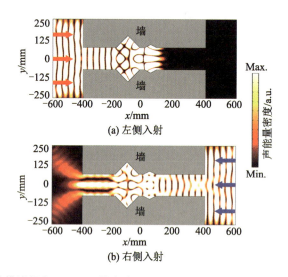

图 6.35   数值模拟频率 4.4 kHz 的声波通过单向隔声管道产生的声能量密度场分布

6.3.2   物理机制

为了研究单向隔声管道的工作机制,数值模拟管道的三角形空腔对频率 4.4 kHz 的入射声波的散射声压场和总声压场分布。当声波从左侧入射时,首先到达大的三角形空腔。图 6.36 显示入射平面声波从左侧通过带有大三角形空腔壁产生的散射声压场分布。可以看到,入射声波经过大三角形空腔散射后形成三束声波,分别标记为 S1、S2 和 S3(细箭头)。为了显示散射声波的传播方向,数值模拟极坐标下的散射声压幅值场分布,如图 6.37,其中入射声波沿 180° 方向传播,三个幅值峰分别对应图 6.36 中的三束散射波。可以

看到,S2 和 S3 的散射角明显小于或接近 90°,无法通过大三角形空腔向右传
播;而 S1 的散射角大于 90°,可以通过大三角形空腔向右传播,从而到达右侧
小三角形空腔处。图 6.38 显示数值模拟散射波 S1 被管道上下两侧小三角形
空腔散射后的总声压场分布,可以看到,上下两个小三角形空腔之间存在明
显的驻波模式,且波导右侧区域的声压幅值很小,从而表明 S1 不能通过小三
角形空腔区域。因此,正是基于管道上下两侧三角形空腔的多重声散射机
制,左侧入射的声波无法通过管道传播。

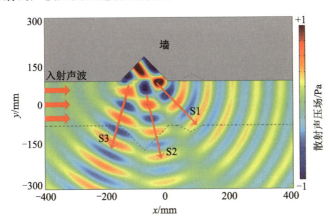

图 6.36　数值模拟频率 **4.4 kHz** 的左侧入射声波通过大三角形空腔壁产生的
散射声压场分布

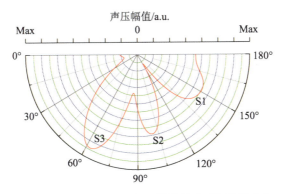

图 6.37　数值模拟极坐标下的散射声压幅值场分布

　　与左侧入射的声波情况相反,右侧入射的声波首先到达小三角形空腔区
域。图 6.39 显示入射平面声波从右侧通过小三角形空腔壁产生的总声压场
分布。可以看到,经小三角形空腔散射后,入射声波传播方向几乎不变,因此

当声波达到大三角形空腔后,同样被散射成三束(图 6.36 中的 S1、S2 和 S3),其中 S1 可以通过,并到达管道左侧。基于上述分析,可以得到所设计的泵房管道的单向隔声效应是由不同尺寸的两对三角形空腔的非对称多重散射机制引起的。图 6.40(a)和 6.40(b)分别显示入射声波分别从左侧和右侧通过管道的声传播路径示意图,图 6.40(a)中左侧入射的声波首先被大三角形空腔散射后,然后斜入射到小三角形空腔区域,经小三角形空腔散射后,沿垂直于管道方向进行传播,形成驻波,不能通过管道。而右侧入射的声波(图 6.40b),小三角形空腔对声波的传播方向几乎没有影响,通过的声能量被大三角形空腔散射后,一部分声能量通过管道到达左侧。

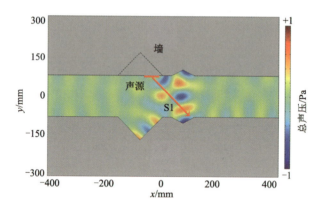

图 6.38　数值模拟散射波 S1 入射到 2 个小三角形空腔产生的总声压场分布

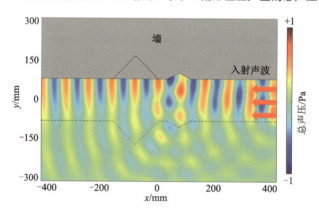

图 6.39　数值模拟频率 4.4 kHz 的右侧入射声波通过小三角形空腔壁产生的总声压场分布

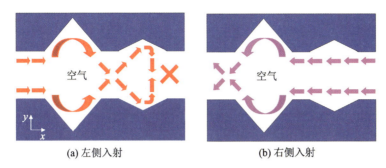

(a) 左侧入射　　　　　　　　　　　　(b) 右侧入射

图 6.40　单向隔声管道中的声传播路径示意图

6.3.3　实验测量

下面实验测量单向隔声管道的声透射谱。图 6.41 为单向隔声管道样品照片,可以看到,单向隔声管道样品由有机玻璃板制备而成,其参数 h_1、h_2、l_1、l_2、d 和 w 与图 6.34 中的参数相同。图 6.42 显示实验测量装置示意图。可以看到,尺寸为 25 mm×25 mm 的扬声器放置在管道右侧,距离样品 1 m,采用直径为 1/4 英寸的麦克风在管道左侧沿虚线接收透射声信号。所测量的数据通过 PULSE Labshop 软件进行分析处理,从而可以得到样品的声透射谱。图 6.43 显示实验测量入射声波分别从左右两侧通过单向隔声管道产生的声透射谱,并与相应的数值模拟结果进行对比。可以看出,在频带 4.2 kHz ~ 4.7 kHz 中,实验测量与数值模拟结果一致,表现出明显的单向隔声效应。然而在工作频带的低频区域还存在着一定的差异,这主要由扬声器位置误差引起的声波入射位置偏离波导中心轴引起。同时,低频区域的声波波长与管道宽度接近,对实验测量结果也有一定的影响。

图 6.41　单向隔声管道样品照片

图 6.42　实验测量装置示意图

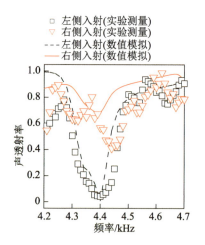

图 6.43　实验测量与数值模拟声波通过单向隔声管道产生的声透射谱

6.3.4　鲁棒性验证

最后验证所设计的单向隔声管道的鲁棒性。如图 6.44,数值模拟柱面声波通过单向隔声管道产生的声透射谱,管道结构与图 6.33 一致。在频带 4.32 kHz~4.42 kHz 中,声透射谱表现出明显的单向隔声效应,与图 6.34 中平面声波对应的结果类似。图 6.45(a)和 6.45(b)显示频率 4.4 kHz 的柱面声波分别从左侧和右侧通过单向隔声管道产生的声能量密度场分布。可以看到,当柱面声波从左侧入射时,透射声能量几乎为 0(图 6.45a);当柱面声波从右侧入射时,声能量可以通过管道,表现出很好的单向隔声效应。上述结果表明所设计的泵房管道单向隔声效应也适用于柱面声源激发,具有很好的鲁棒性。

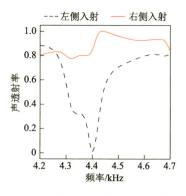

图 6.44　数值模拟柱面声波通过单向隔声管道产生的声透射谱

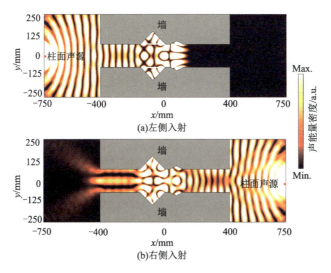

(a)左侧入射

(b)右侧入射

图 6.45　数值模拟频率 4.4 kHz 的柱面声波通过单向隔声管道产生的声能量密度场分布

参考文献

［ 1 ］ DÜRRER B. Noise sources in centrifugal pumps ［C］∥ Proceedings of the 2nd WSEAS Int. Conference on Applied and Theoretical Mechanics, Venice, Italy, November 20-22, 2006: 203-207.

［ 2 ］ 林刚. 多级离心泵流动诱导辐射噪声研究［D］. 镇江:江苏大学, 2017.

［ 3 ］ BIOT M A. Theory of propagation of elastic waves in a fluid-saturated porous solids ［J］. Journal of the Acoustical Society of America, 1956, 28: 168-178.

［ 4 ］ ZAREK J H B. Sound absorption in flexible porous materials ［J］. Journal of Sound and Vibration, 1978, 61: 205.

［ 5 ］ ARENAS J P, CROCKER M J. Recent trends in porous sound-absorbing materials［J］. Sound and Vibration, 2010, 44(7): 12-17.

［ 6 ］ MAA D-Y. Potential of microperforated panel absorber ［J］. Journal of the Acoustical Society of America, 1998, 104: 2861.

［ 7 ］ GARCIA-CHOCANO V M, CABRERA S, SANCHEZ-DEHESA J. Broadband sound absorption by lattices of microperforated cylindrical shells ［J］. Applied Physics Letters, 2012, 101(18):184101.

［ 8 ］ 程建春. 声学原理［M］. 北京:科学出版社, 2012.

［ 9 ］ LIGHTHILL M J. On sound generated aerodynamically. Ⅰ. General theory ［J］. Proceedings of the Royal Society of London. Series A, 1952, 211 (1107): 564-587.

［10］ LIGHTHILL M J. On sound generated aerodynamically. Ⅱ. Turbulence as a source of sound ［J］. Proceedings of the Royal Society of London. Series A, 1954, 222(1148): 1-32.

［11］ CURLE N. The influence of solid boundaries upon aerodynamic sound ［J］. Proceedings of the Royal Society of London. Series A, 1955, 231(1187): 505-514.

［12］WILLIAMS J E F, HAWKINGS D L. Theory relating to the noise of rotating machinery［J］. Journal of Sound and Vibration, 1969, 10(1): 10-21.

［13］GOLDSTEIN M. Unified approach to aerodynamic sound generation in the presence of solid boundaries［J］. Journal of the Acoustical Society of America, 1974, 56(2): 497-509.

［14］SIMPSON H C, CLARK T A, WEIR G A. A theoretical investigation of hydraulic noise in pumps［J］. Journal of Sound and Vibration, 1967, 5(3): 456-488.

［15］DONG R, CHU S, KATZ J. Quantitative-visualization of the flow within the volute of a centrifugal pump. Part B: results and analysis［J］. ASME Journal of Fluids Engineering, 1992, 114(3): 396-403.

［16］CHU S, DONG R, KATZ J. Relationship between unsteady flow, pressure fluctuations, and noise in a centrifugal pump, Part A: Use of PDV data to compute the pressure field［J］. ASME Journal of Fluids Engineering, 1995, 117(1): 24-29.

［17］CHU S, DONG R, KATZ J. Relationship between unsteady flow, pressure fluctuations, and noise in a centrifugal pump, Part B: effects of blade-tongue interaction［J］. ASME Journal of Fluids Engineering, 1995, 117(1): 30-35.

［18］DONG R, CHU S, KATZ J. Effect of modification to tongue and impeller geometry on unsteady flow, pressure fluctuations, and noise in a centrifugal pump［J］. ASME Journal of Fluids Engineering, 1997, 119(3): 506-515.

［19］HOWE M S. Influence of wall thickness on Rayleigh conductivity and flow induced aperture tones［J］. Journal of Fluids and Structures, 1997, 11(4): 351-366.

［20］丛国辉, 王福军. 双吸离心泵隔舌区压力脉动特性分析［J］. 农业机械学报, 2008, 39(6): 60-63.

［21］黄国富, 常煜, 张海民. 基于 CFD 的船用离心泵流体动力振动噪声源分析［J］. 水泵技术, 2008(3): 20-24.

［22］袁寿其, 司乔瑞, 薛菲, 等. 离心泵蜗壳内部流动诱导噪声的数值计算［J］. 排灌机械工程学报, 2011, 29(2): 93-98.

［23］王宏光, 徐小龙, 谭永学. 轴流泵流动噪声数值模拟［J］. 排灌机

械工程学报, 2011, 29(3): 199-203.

[24] IINO T, KASAI K. An analysis of unsteady flow induced by interaction between a centrifugal impeller and a vaned diffuser [J]. Transactions of the Japan Society of Mechanical Engineers Series B, l985, 51(471): 154-159.

[25] GONZALEZ J, PARRONDO J, SANTOLARIA C, et al. Steady and unsteady radial forces for a centrifugal pump with impeller to tongue gap variation [J]. ASME Journal of Fluids Engineering, 2006, 128(3): 454-462.

[26] TOMAZ R, MATEVZ D, MARKO H, et al. An investigation of the relationship between acoustic emission, vibration, noise, and cavitation structures on a kaplan turbine [J]. ASME Journal of Fluids Engineering, 2007, 129(9): 1112-1122.

[27] 王福军, 张玲, 张志民. 轴流泵不稳定流场的压力脉动特性研究 [J]. 水利学报, 2007, 38(8):1003-1009.

[28] BARRIO R, BLANCO E, PARRONDO J, et al. The effect of impeller cutback on the fluid-dynamic pulsations and load at the blade-passing frequency in a centrifugal pump [J]. ASME Journal of Fluids Engineering, 2008, 130(11): 1349-1357.

[29] 刘阳, 袁寿其, 袁建平. 离心泵的压力脉动研究进展[J]. 流体机械, 2008, 36(9): 33-37.

[30] 祝磊, 袁寿其, 袁建平, 等. 阶梯隔舌对离心泵压力脉动和径向力影响的数值模拟[J]. 农业机械学报, 2010, 41(s1): 21-26.

[31] 袁建平, 付燕霞, 刘阳, 等. 基于大涡模拟的离心泵蜗壳内压力脉动特性分析[J]. 排灌机械工程学报, 2011, 47(12): 133-137.

[32] 王洋, 代翠. 离心泵内部不稳定流场压力脉动特性分析[J]. 农业机械学报, 2010, 3: 91-95.

[33] 姚志峰, 王福军, 杨敏, 等. 叶轮形式对双吸离心泵压力脉动特性影响试验研究[J]. 机械工程学报, 2011, 47(12): 133-137.

[34] 瞿丽霞, 王福军, 丛国辉, 等. 隔舌间隙对双吸离心泵内部非定常流场的影响[J]. 农业机械学报, 2011, 42(7):50-55.

[35] 瞿丽霞, 王福军, 丛国辉, 等. 双吸离心泵叶片区压力脉动特性分析[J]. 农业机械学报, 2011, 42(9): 79-84.

［36］施卫东，冷洪飞，张德胜，等. 轴流泵内部流场压力脉动性能预测与试验［J］. 农业机械学报，2011，42（5）：44-48.

［37］司乔瑞，袁寿其，袁建平，等. 基于 CFD/CA 的离心泵流动诱导噪声数值预测［J］. 机械工程学报，2013，49（22）：177-184.

［38］司乔瑞，袁寿其，袁建平. 叶轮隔舌间隙对离心泵性能和流动噪声影响的试验研究［J］. 振动与冲击，2016，35（3）：164-168.

［39］刘厚林，丁剑，谈明高，等. 叶轮出口宽度对离心泵噪声辐射影响的分析与试验［J］. 农业工程学报，2013（16）：66-73.

［40］丁剑，刘厚林，王勇，等. 叶片出口角影响离心泵噪声辐射数值研究［J］. 振动与冲击，2014，33（2）：122-127.

［41］代翠，董亮，孔繁余，等. 离心泵作透平水动力噪声特性研究［J］. 应用基础与工程科学学报，2016（5）：1034-1045.

［42］董亮，代翠，孔繁余，等. 离心泵作透平流体诱发内场噪声特性及贡献分析［J］. 机械工程学报，2016，52（18）：184-192.

［43］董亮，代翠，孔繁余，等. 离心泵作透平流体诱发外场噪声特性及贡献分析［J］. 振动与冲击，2016，35（5）：168-174.

［44］代翠，董亮，孔繁余，等. 离心泵作透平倾斜叶片主动降噪［J］. 上海交通大学学报，2016，50（4）：575-582.

［45］代翠，孔繁余，董亮，等. 离心泵作透平异向倾斜叶片与隔舌主动降噪分析［J］. 振动工程学报，2016，29（4）：623-630.

［46］FANG N，XI D J，XU J Y，et al. Ultrasonic metamaterials with negative modulus［J］. Nature Materials，2006，5：452-456.

［47］LIANG Z X，LI J S. Extreme acoustic metamaterial by coiling up space［J］. Physical Review Letters，2012，108：114301.

［48］CUMMER S A，CHRISTENSEN J，ALÙ A. Controlling sound with acoustic metamaterials［J］. Nature Reviews Materials，2016，1：16001.

［49］MA G C，SHENG P. Acoustic metamaterials：from local resonances to broad horizons［J］. Science Advances，2016，2：e1501595.

［50］GAO N，LU K. An underwater metamaterial for broadband acoustic absorption at low frequency［J］. Applied Acoustics，2020，169：107500.

［51］TSANG L，LIAO T H，TAN S R. Calculations of bands and band field solutions in topological acoustics using the broadband Green's Function-KKR-Multiple scattering method [J]. Progress in Electromagnetics Research, 2021, 171: 137-158.

[52] JIA D, WANG Y, GE Y, et al. Tunable topological refractions in valley sonic crystals with triple valley hall phase transitions [J]. Progress in Electromagnetics Research, 2021, 172: 13-22.

[53] QU S C, SHENG P. Microwave and acoustic absorption metamaterials [J]. Physical Review Applied, 2022, 17: 047001.

[54] GAO N S, ZHANG Z C, DENG J, et al. Acoustic metamaterials for noise reduction: A review [J]. Advanced Materials Technologies, 2022, 7: 2100698.

[55] LI Y, LIANG B, GU Z M, et al. Reflected wavefront manipulation based on ultrathin planar acoustic metasurfaces [J]. Scientific Reports, 2013, 3: 2546.

[56] MEI J, WU Y. Controllable transmission and total reflection through an impedance-matched acoustic metasurface [J]. New Journal of Physics, 2014, 16: 123007.

[57] TANG K, QIU C Y, KE M Z, et al. Anomalous refraction of airborne sound through ultrathin metasurfaces [J]. Scientific Reports, 2014, 4: 6517.

[58] ZHANG H, XIAO Y, WEN J H, et al. Ultra-thin smart acoustic metasurface for low-frequency sound insulation [J]. Applied Physics Letters, 2016, 108: 141902.

[59] QUAN L, SOUNAS D L, ALÙ A. Nonreciprocal willis coupling in zero-index moving media [J]. Physical Review Letters, 2019, 123: 064301.

[60] QUAN L, ALÙ A. Passive acoustic metasurface with unitary reflection based on nonlocality [J]. Physical Review Applied, 2019, 11: 054077.

[61] WANG X, DONG R Z, LI Y, et al. Non-local and non-hermitian acoustic metasurfaces [J]. Reports on Progress in Physics, 2023, 86: 116501.

[62] ASSOUAR B, LIANG B, WU Y, LI Y, et al. Acoustic metasurfaces [J]. Nature Reviews Materials, 2018, 3: 460-472.

[63] LI Y, XUE J, LI R Q, et al. Experimental realization of full control of

reflected waves with subwavelength acoustic metasurfaces [J]. Physical Review Applied, 2014, 2: 064002.

[64] ZHU Y F, ZOU X Y, LI R Q, et al. Dispersionless manipulation of reflected acoustic wavefront by subwavelength corrugated surface [J]. Scientific Reports, 2015, 5: 10966.

[65] LIU Z Y, ZHANG X X, MAO Y W, et al. Locally resonant sonic materials [J]. Science, 2000, 289: 1734−1736.

[66] HO M K, CHENG C K, YANG Z, et al. Broadband locally resonant sonic shields [J]. Applied Physics Letters, 2003, 83(26): 5566−5568.

[67] CÉCILE G, JOSÉ D S, PILIPPE L. Comparison of the sound attenuation efficiency of locally resonant materials and elastic band-gap structures [J]. Physical Review B, 2004, 70(18): 184302.

[68] DING C L, ZHAO X P. Multi-band and broadband acoustic metamaterial with resonant structures [J]. Journal of Physics D: Applied Physics, 2011, 44(21): 215402.

[69] 王刚. 声子晶体局域共振带隙机理及减振特性研究[D]. 长沙:国防科学技术大学, 2005.

[70] OUDICH M, SENESI M, ASSOUAR M. Experimental evidence of locally resonant sonic band gap in two-dimentional phononic stubbed plates [J]. Physical Review B, 2011, 84(16): 165136.

[71] XIAO Y, WEN J H, WEN X S. Sound transmission loss of metamaterial-based thin plates with multiple subwavelength arrays of attached resonators [J]. Journal of Sound and Vibration, 2012, 331(25): 5408−5423.

[72] OUDICH M, ZHOU X M, ASSOUAR M. General analytical approach for sound transmission loss analysis through a thick metamaterial plate [J]. Journal of Applied Physics, 2014, 116(19): 193509.

[73] ZHANG H, WEN J H, XIAO Y, et al. Sound transmission loss of metamaterial thin plates with periodic subwavelength arrays of shunted piezoelectric patches [J]. Journal of Sound and Vibration, 2015, 343: 104−120.

[74] YANG Z, MEI J, YANG M, et al. Membrane-type acoustic metamaterial with negative dynamic mass [J]. Physical Review Letters, 2008, 101

（20）：204301.

［75］MEI J, MA G, YANG M, et al. Dark acoustic metamaterials as super absorbers for low-frequency sound ［J］. Nature Communications, 2012, 5：756.

［76］ZHANG Y G, WEN J H, XIAO Y, et al. Theoretical investigation of the sound attenuation of membrane-type acoustic metamaterials ［J］. Physics Letters A, 2012, 376(17)：1489-1494.

［77］MA G, YANG M, XIAO S, et al. Acoustic metasurface with hybrid resonances ［J］. Nature Materials, 2014, 13(9)：873-878.

［78］YU W W, FAN L, MA R H, et al. Low-frequency and multiple-bands sound insulation using hollow boxes with membrane-type faces ［J］. Applied Physics Letters, 2018, 112(18)：183506.

［79］YANG M, MA G, YANG Z, et al. Coupled membranes with doubly negative mass density and bulk modulus ［J］. Physical Review Letters, 2013, 110(13)：134301.

［80］CHEN Y Y, HUANG G L, ZHOU X M, et al. Analytical coupled vibroacoustic modeling of membrane-type acoustic metamaterials：Membrane model ［J］. Journal of the Acoustical Society of America, 2014, 136(3)：969-979.

［81］HORSTMANN B, REZNIK B, FAGNOCCHI S, et al. Hawking radiation from an acoustic black hole on an ion ring ［J］. Physical Review Letters, 2010, 104(25)：250403.

［82］LI R Q, ZHU X F, LIANG B, et al. A broadband acoustic omnidirectional absorber comprising positive-index materials ［J］. Applied Physics Letters, 2011, 99(19)：193507.

［83］CLIMENTE A, TORRENT D, SÁNCHEZ-DEHESA J. Omnidirectional broadband acoustic absorber based on metamaterials ［J］. Applied Physics Letters, 2012, 100(14)：144103.

［84］WEI Q, CHENG Y, LIU X J. Acoustic omnidirectional superabsorber with arbitrary contour ［J］. Applied Physics Letters, 2012, 100(9)：094105.

［85］QIAN F, ZHAO P, QUAN L, et al. Broadband acoustic omnidirectional absorber based on temperature gradients ［J］. Europhysics Letters, 2014, 107(3)：34009.

［86］WEI P J, CROENNE C, CHU S T, et al. Symmetrical and anti-symmetrical coherent perfect absorption for acoustic waves ［J］. Applied Physics Letters, 2014, 104(12): 121902.

［87］SONG J Z, BAI P, HANG Z H, et al. Acoustic coherent perfect absorbers ［J］. New Journal of Physics, 2014, 16: 033026.

［88］MENG C, ZHANG X N, TANG S T, et al. Acoustic coherent perfect absorbers as sensitive null detectors ［J］. Scientific Reports, 2017, 7: 43574.

［89］ZHANG H L, ZHU Y F, LIANG B, et al. Omnidirectional ventilated acoustic barrier ［J］. Applied Physics Letters, 2017, 111(20): 203502.

［90］GHAFFARIVARDAVAGH R, NIKOLAJCZYK J, ANDERSON S, et al. Ultra-open acoustic metamaterial silencer based on Fano-like interference ［J］. Physical Review B, 2019, 99(2): 024302.

［91］DONG R Z, MAO D X, WANG X, et al. Ultrabroadband acoustic ventilation barriers via hybrid-functional metasurfaces ［J］. Physical Review Applied, 2021, 15(2): 024044.

［92］CHENG Y, ZHOU C, YUAN B G, et al. Ultra-sparse metasurface for high reflection of low-frequency sound based on artificial Mie resonances ［J］. Nature Materials, 2015, 14(10): 1013−1019.

［93］LONG H Y, GAO S X, CHEN Y, et al. Multiband quasi-perfect low-frequency sound absorber based on double-channel Mie resonator ［J］. Applied Physics Letters, 2018, 112 (3): 033507.

［94］LI Y, ASSOUAR B. Acoustic metasurface-based perfect absorber with deep subwavelength thickness ［J］. Applied Physics Letters, 2016, 108 (6): 063502.

［95］HUANG S B, FANG X S, WANG X, et al. Acoustic perfect absorbers via spiral metasurfaces with embedded apertures ［J］. Applied Physics Letters, 2018, 113(23): 233501.

［96］DONDA K, ZHU Y F, FAN S W, et al. Extreme low-frequency ultrathin acoustic absorbing metasurface ［J］. Applied Physics Letters, 2019, 115 (17): 173506.

［97］WANG Y, ZHAO H G, YANG H B, et al. A tunable sound-absorbing metamaterial based on coiled-up space [J]. Journal of Applied Physics, 2018, 123: 185109.

[98] YANG M, CHEN S Y, FU C X, et al. Optimal sound-absorbing structures [J]. Materials Horizons, 2017, 4(4): 673−680.

[99] LIU C R, WU J H, CHEN X, et al. A thin low-frequency broadband metasurface with multi-order sound absorption [J]. Journal of Physics D: Applied Physics, 2019, 52(10): 105302.

[100] LIU C K, SHI J J, ZHAO W, et al. Three-dimensional soundproof acoustic metacage [J]. Physical Review Letters, 2021, 127(8): 084301.

[101] ZHANG C, HU X H. Three-dimensional single-port labyrinthine acoustic metamaterial: Perfect absorption with large bandwidth and tenability [J]. Physical Review Applied, 2016, 6(6): 064025.

[102] CHANG H T, LIU L, ZHANG C, et al. Broadband high sound absorption from labyrinthine metasurfaces [J]. AIP Advances, 2018, 8 (4): 045115.

[103] ZHU Y F, DONDA K, FAN S W, et al. Broadband ultra-thin acoustic metasurface absorber with coiled structure [J]. Applied Physics Express, 2019, 12 (11): 114002.

[104] SHAO C, LONG H Y, CHEN Y, et al. Low-frequency perfect sound absorption achieved by a modulus-near-zero metamaterial [J]. Scientific Reports, 2019, 9: 13482.

[105] WU F, XIAO Y, YU D L, et al. Low-frequency sound absorption of hybrid absorber based on micro-perforated panel and coiled-up channels [J]. Applied Physics Letters, 2019, 114 (15): 151901.

[106] LONG H Y, LIU C, SHAO C, et al. Broadband near-perfect absorption of low-frequency sound by subwavelength metasurface [J]. Applied Physics Letters, 2019, 115 (10): 103503.

[107] KUMAR S, LEE H P. Labyrinthine acoustic metastructures enabling broadband sound absorption and ventilation [J]. Applied Physics Letters, 2020, 116 (13): 134103.

[108] CHEN W Y, WU F, WEN J H, et al. Low-frequency sound absorber

based on micro-slit entrance and space-coiling channels [J]. Japanese Journal of Applied Physics, 2020, 59 (4): 045503.

[109] LONG H Y, LIU C, SHAO C, et al. Subwavelength broadband sound absorber based on a composite metasurface [J]. Scientific Reports, 2020, 10: 13823.

[110] ZHU Y F, MERKEL A, DONDA K, et al. Nonlocal acoustic metasurface for ultrabroadband sound absorption [J]. Physical Review B, 2021, 103(6): 064102.

[111] SHAO C, LIU C, MA C R, et al. Multiband asymmetric sound absorber enabled by ultrasparse Mie resonators [J]. Journal of the Acoustical Society of America, 2021, 149(3): 2072.

[112] MERKEL A, THEOCHARIS G, RICHOUX O, et al. Control of acoustic absorption in one-dimensional scattering by resonant scatterers [J]. Applied Physics Letters, 2015, 107(24): 244102.

[113] ROMERO-GARCIA V, THEOCHARIS G, RICHOUX O, et al. Perfect and broadband acoustic absorption by critically coupled sub-wavelength resonators [J]. Scientific Reports, 2016, 6: 19519.

[114] JIMENEZ N, HUANG W, ROMERO-GARCIA V, et al. Ultra-thin metamaterial for perfect and quasi-omnidirectional sound absorption [J]. Applied Physics Letters, 2016, 109(12): 121902.

[115] LI J F, WANG W Q, XIE Y B, et al. A sound absorbing metasurface with coupled resonators [J]. Applied Physics Letters, 2016, 109(9): 091908.

[116] JIMENEZ N, ROMERO-GARCIA V, PAGNEUX V, et al. Quasiperfect absorption by subwavelength acoustic panels in transmission using accumulation of resonances due to slow sound [J]. Physical Review B, 2017, 95 (1): 014205.

[117] LONG H Y, CHENG Y, LIU X J. Asymmetric absorber with multiband and broadband for low-frequency sound [J]. Applied Physics Letters, 2017, 111(14): 143502.

[118] JIMENEZ N, ROMERO-GARCIA V, PAGNEUX V, et al. Rainbow-trapping absorbers: Broadband, perfect and asymmetric sound absorption by sub-

wavelength panels for transmission problems [J]. Scientific Reports, 2017, 7: 13595.

[119] LONG H Y, CHENG Y, LIU X J. Reconfigurable sound anomalous absorptions in transparent waveguide with modularized multi-order Helmholtz resonator [J]. Scientific Reports, 2018, 8: 15678.

[120] LEE S H, KANG B S, KIM G M, et al. Fabrication and performance evaluation of the helmholtz resonator inspired acoustic absorber using various materials [J]. Micromachines, 2020, 11(11): 983.

[121] GUO J W, FANG Y, JIANG Z Y, et al. Acoustic characterizations of Helmholtz resonators with extended necks and their checkerboard combination for sound absorption [J]. Journal of Physics D: Applied Physics, 2020, 53 (50): 505504.

[122] HUANG S B, ZHOU Z L, LI D T, et al. Compact broadband acoustic sink with coherently coupled weak resonances [J]. Science Bulletin, 2020, 65 (5): 373-379.

[123] SHEN L, ZHU Y F, MAO F L, et al. Broadband low-frequency acoustic metamuffler [J]. Physical Review Applied, 2021, 16(6): 064057.

[124] HUANG S B, ZHOU E M, HUANG Z L, et al. Broadband sound attenuation by metaliner under grazing flow [J]. Applied Physics Letters, 2021, 118(6): 063504.

[125] SHAO C, ZHU Y Z, LONG H Y, et al. Metasurface absorber for ultra-broadband sound via over-damped modes coupling [J]. Applied Physics Letters, 2022, 120(8): 083504.

[126] WU X X, FU C X, LI X, et al. Low-frequency tunable acoustic absorber based on split tube resonators [J]. Applied Physics Letters, 2016, 109 (4): 043501.

[127] LONG H Y, CHENG Y, TAO J C, et al. Perfect absorption of low-frequency sound waves by critically coupled subwavelength resonant system [J]. Applied Physics Letters, 2017, 110(2): 023502.

[128] WU X X, AU-YEUNG K Y, LI X, et al. High-efficiency ventilated metamaterial absorber at low frequency [J]. Applied Physics Letters, 2018, 112

（10）: 103505.

［129］ LEE T, NOMURA T, DEDE E M, et al. Asymmetric loss-induced perfect sound absorption in duct silencers ［J］. Applied Physics Letters, 2020, 116(10): 214101.

［130］ XIANG X, WU X X, LI X, et al. Ultra-open ventilated metamaterial absorbers for sound-silencing applications in environment with free air flows ［J］. Extreme Mechanics Letters, 2020, 39: 100786

［131］ LIU H X, WU J H, LI B, et al. Broadband sound absorption by a nested doll metasurface using multi-slit synergetic resonance ［J］. Journal of Physics D: Applied Physics, 2020, 53(49): 495301.

［132］ LIU H X, WU J H, MA F Y. High-efficiency sound absorption by a nested and ventilated metasurface based on multi-slit synergetic resonance ［J］. Journal of Physics D: Applied Physics, 2021, 54(20): 205304.

［133］ XU Z X, MENG H Y, CHEN A, et al. Tunable low-frequency and broadband acoustic metamaterial absorber ［J］. Applied Physics Letters, 2021, 129(9): 094502.

［134］ CHEN A, XU Z X, ZHENG B, et al. Machine learning-assisted low-frequency and broadband sound absorber with coherently coupled weak resonances ［J］. Applied Physics Letters, 2022, 120(3): 033501.

［135］ GAO Y X, LI Z W, LIANG B, et al. Improving sound absorption via coupling modulation of resonance energy leakage and loss in ventilated metamaterials ［J］. Applied Physics Letters, 2022, 120(26): 261701.

［136］ XU J H, ZHU X F, CHEN D C, et al. Broadband low-frequency acoustic absorber based on metaporous composite ［J］. Chinese Physics B, 2022, 31: 064301.

［137］ YU N F, GENEVET P, KATS M A, et al. Light propagation with phase discontinuities generalized laws of reflection and refraction ［J］. Science, 2011, 334(6054): 333−337.

［138］ CAI X B, GUO Q Q, HU G K, et al. Ultrathin low-frequency sound absorbing panels based on coplanar spiral tubes or coplanar Helmholtz resonators ［J］. Applied Physics Letters, 2014, 105(12): 121901.

[139] ZHU Y F, ZOU X Y, LIANG B, et al. Acoustic one-way open tunnel by using metasurface [J]. Applied Physics Letters, 2015, 107(11): 113501.

[140] ZHU Y F, GU Z M, LIANG B, et al. Asymmetric sound transmission in a passive non-blocking structure with multiple ports [J]. Applied Physics Letters, 2016, 109(10): 103504.

[141] WANG X P, WAN L L, CHEN T N, et al. Broadband acoustic diode by using two structured impedance-matched acoustic metasurfaces [J]. Applied Physics Letters, 2016, 109(4): 044102.

[142] ZHANG H L, ZHU Y F, LIANG B, et al. Sound insulation in a hollow pipe with subwavelength thickness [J]. Scientific Reports, 2017, 7: 44106.

[143] GE Y, SUN H X, YUAN S Q, et al. Asymmetric acoustic transmission in an open channel based on multiple scattering mechanism [J]. Applied Physics A, 2017, 123(5): 328.

[144] GE Y, SUN H X, YUAN S Q, et al. Broadband unidirectional and omnidirectional bidirectional acoustic insulation through an open window structure with a metasurface of ultrathin hooklike meta-atoms [J]. Applied Physics Letters, 2018, 112(24): 243502.

[145] SHEN C, XIE Y B, LI J F, et al. Acoustic metacages for sound shielding with steady air flow [J]. Applied Physics Letters, 2018, 123 (12): 124501.

[146] GE Y, SUN H X, YUAN S Q, et al. Switchable omnidirectional acoustic insulation through open window structures with ultrathin metasurfaces [J]. Physical Review Materials, 2019, 3(6): 065203.

[147] CHEN Z, YAN F, NEGAHBAN M, et al. Resonator-based reflective metasurface for low-frequency underwater acoustic waves [J]. Journal of Applied Physics, 2020, 128(5): 055305.

[148] TAN Y, LIANG B, CHENG J C. High-efficiency unidirectional wavefront manipulation for broadband airborne sound with a planar device [J]. Chinese Physics B, 2022, 31: 034303.

[149] 杜功焕, 朱哲民, 龚秀芬. 声学基础[M]. 南京:南京大学出版社, 1980.

［150］COURANT R. Variational methods for the solution of problems of equilibrium and vibrations［J］. Bulletin of the American Mathematical Society, 1943, 49(1): 1-23.

［151］王勖成. 有限单元法［M］. 北京:清华大学出版社, 2003.

［152］孙宏祥. 人工结构介质中的声波非对称透射效应的研究［D］. 南京:南京大学, 2013.

［153］张哲. 径向对称的声梯度折射率材料操控声波的研究［D］. 南京:南京大学, 2014.

［154］贾鼎. 二维空气声拓扑材料的设计及其边缘态特性研究［D］. 镇江:江苏大学, 2019.

［155］COMSOL Multiphysics User's Guide, Version 4.2［EB/OL］. http://www.comsol.com.

［156］FOKIN V, AMBATI M, SUN C, et al. Method for retrieving effective properties of locally resonant acoustic metamaterials［J］. Physical Review B, 2007, 76(14): 144302.

［157］龙厚友. 基于声学超材料的低频声吸收体研究［D］. 南京:南京大学, 2019.

［158］胡安, 章维益. 固体物理学［M］. 北京:高等教育出版社, 2011.

［159］朱蓓丽, 罗晓辉. 驻波管中的隔声量测试方法［J］. 噪声与振动控制, 2000(6): 41-43.

［160］GUAN Y J, GE Y, SUN H X, et al. Ultra-thin metasurface-based absorber of low-frequency sound with bandwidth optimization［J］. Frontiers in Materials, 2021, 8: 764338

［161］GUAN Y J, WU C H, SI Q R, et al. Broadband acoustic absorbers based on double split-ring resonators at deep subwavelength scale［J］. Journal of Applied Physics, 2023, 134(6): 064502.

［162］XU Y W, GUAN Y J, YIN J L, et al. Low-frequency dual-band sound absorption by ultrathin planar wall embedded with multiple-cavity resonators［J］. Frontiers in Physics, 2022, 10: 911711.

［163］GUAN Y J, GE Y, SUN H X, et al. Low-frequency, open, sound-insulation barrier by two oppositely oriented Helmholtz resonators［J］. Micromachines,

2021, 12: 1544.

[164] 曲波, 朱蓓丽. 驻波管中隔声量的四传感器测量法[J]. 噪声与振动控制, 2002(6): 44-46.

[165] XU Y W, GUAN Y J, WU C H, et al. Ultra-broadband acoustic ventilation barrier based on multi-cavity resonators [J]. Chinese Physics B, 2023, 32(12): 124303.

[166] GUAN Y J, XU Y W, GE Y, et al. Low-frequency low-reflection bidirectional sound insulation tunnel with ultrathin lossy metasurfaces [J]. Applied Sciences, 2022, 12(7): 3470.

[167] GAO Y X, CHENG Y, LIANG B, et al. Acoustic skin meta-muffler [J]. Science China-Physics Mechanics and Astronomy, 2021, 64(9): 294311.

[168] HUANG T Y, SHEN C, JING Y. Membrane-and plate-type acoustic metamaterials [J]. Journal of the Acoustical Society of America, 2016, 139(6): 3239-3249.

[169] YANG M, MENG C, FU C X, et al. Subwavelength total acoustic absorption with degenerate resonators [J]. Applied Physics Letters, 2015, 107(10):104104.

[170] FU C X, ZHANG X N, YANG M, et al. Hybrid membrane resonators for multiple frequency asymmetric absorption and reflection in large waveguide [J]. Applied Physics Letters, 2017, 110(2):021901.

[171] GUAN Y J, GE Y, WU C H, et al. An ultra-low-frequency sound absorber and its application in noise reduction in ducts [J]. APL Materials, 2024, 12(1):011127.

[172] XIA J P, SUN Y Y, GUAN Y J, et al. Broadband low-frequency sound absorption in open tunnels with deep sub-wavelength Mie resonators [J]. Frontiers in Physics, 2022, 10: 1047892.